Dr. Manpreet Kaur Chahal

Desafios ambientais e estratégias de conservação

AF306653

Dr. Manpreet Kaur Chahal

Desafios ambientais e estratégias de conservação

Salvaguardar o nosso planeta: Enfrentar os desafios e promover a conservação

ScienciaScripts

Imprint

Any brand names and product names mentioned in this book are subject to trademark, brand or patent protection and are trademarks or registered trademarks of their respective holders. The use of brand names, product names, common names, trade names, product descriptions etc. even without a particular marking in this work is in no way to be construed to mean that such names may be regarded as unrestricted in respect of trademark and brand protection legislation and could thus be used by anyone.

Cover image: www.ingimage.com

This book is a translation from the original published under ISBN 978-620-7-99666-7.

Publisher:
Sciencia Scripts
is a trademark of
Dodo Books Indian Ocean Ltd. and OmniScriptum S.R.L publishing group

120 High Road, East Finchley, London, N2 9ED, United Kingdom
Str. Armeneasca 28/1, office 1, Chisinau MD-2012, Republic of Moldova, Europe
Printed at: see last page
ISBN: 978-620-7-99437-3

Índice

CAPÍTULO 1: PRINCÍPIOS, ÂMBITO E IMPORTÂNCIA DA CIÊNCIA AMBIENTAL

Definição:- Abrange o estudo de todos os elementos que moldam o nosso ambiente biofísico de suporte de vida, desde os processos terrestres e sistemas ecológicos à biodiversidade, recursos naturais, sistemas de energia alternativa, alterações climáticas e várias formas de poluição. De facto, a palavra "ambiente" tem origem na palavra francesa "environ", que significa meio envolvente, destacando tudo o que nos rodeia e tem impacto nas nossas vidas. As ciências do ambiente desempenham um papel crucial na compreensão destas interações e no desenvolvimento de estratégias para gerir e proteger de forma sustentável o nosso ambiente.

Natureza multidisciplinar da ciência ambiental :- A ciência ambiental é inerentemente multidisciplinar porque lida com as interações intrincadas entre processos físicos, químicos e biológicos no nosso ambiente, influenciadas significativamente pelas actividades humanas. Consequentemente, integra conhecimentos e metodologias de vários domínios:

- **Biologia**: Compreender os ecossistemas, a biodiversidade e os impactos dos organismos no ambiente.
- **Química**: Analisar as reacções químicas, os poluentes e os seus efeitos nos ecossistemas e na saúde humana.
- **Física**: Estudo dos fluxos de energia, dos padrões climáticos e da dinâmica ambiental.
- **Geologia**: Examinar a estrutura da Terra, os recursos naturais e os processos geológicos.
- **Geografia**: Mapeamento de padrões ambientais, mudanças no uso da terra e análise espacial.
- **Sociologia**: Investigação do comportamento humano, dos impactes sociais no ambiente e das respostas da comunidade.
- **Economia**: Avaliação do valor dos recursos naturais, análise custo-benefício das políticas ambientais.

- **Gestão**: Implementação de estratégias para o desenvolvimento sustentável e a gestão de recursos.
- **Ética**: Considerações morais e éticas na tomada de decisões no domínio do ambiente.

Estas disciplinas contribuem para várias subdivisões da ciência ambiental, tais como:

- **Ecologia**: Estudo dos ecossistemas e das interações entre os organismos e o seu ambiente.
- **Geociências**: Foco nos processos da Terra, incluindo geologia, hidrologia e ciência do solo.
- **Química ambiental**: Análise dos processos químicos no ambiente e da poluição.
- **Ciência atmosférica**: Estudo da atmosfera terrestre, das alterações climáticas e da qualidade do ar.
- **Microbiologia ambiental**: Compreender as comunidades microbianas e o seu papel nos processos ambientais.
- **Toxicologia ambiental**: Avaliação dos efeitos de poluentes e toxinas nos ecossistemas e na saúde humana.
- **Avaliação do impacto ambiental**: Avaliação dos potenciais impactos ambientais de projectos ou políticas.

Ao integrar estas disciplinas, a ciência ambiental procura proporcionar uma compreensão holística das questões ambientais e desenvolver soluções sustentáveis para salvaguardar o nosso planeta.

Âmbito e importância :- As ciências do ambiente abrangem um vasto espetro de temas e questões relacionadas com o nosso complexo sistema de suporte de vida. Eis os principais domínios de aplicação e algumas das principais questões ambientais que aborda:

- **Gestão dos recursos naturais:**
  - Isto implica a utilização sustentável e a conservação de recursos como a água, as florestas, os minerais e a terra.

- o As ciências do ambiente ajudam a avaliar a disponibilidade dos recursos, a gerir as taxas de extração e de consumo e a desenvolver estratégias de desenvolvimento sustentável.

- **Conservação do ecossistema e da biodiversidade**:
  - o Os ecossistemas fornecem serviços essenciais como ar puro, purificação da água e habitat para a vida selvagem.
  - o As ciências do ambiente centram-se na compreensão da dinâmica dos ecossistemas, na identificação das ameaças à biodiversidade e na aplicação de medidas de conservação.
  - o Aborda a destruição de habitats, as espécies invasoras, a sobre-exploração dos recursos e a fragmentação das paisagens.

- **Prevenção e controlo da poluição**:
  - o A poluição do ar, da água, do solo e sonora constitui uma séria ameaça à saúde humana e ao ambiente.
  - o As ciências do ambiente estudam as fontes, os efeitos e as medidas de controlo da poluição.
  - o Inclui a monitorização dos níveis de poluentes, o desenvolvimento de tecnologias para o controlo da poluição e a aplicação de regulamentos e políticas para reduzir a poluição.

As ciências do ambiente também desempenham um papel crucial na abordagem de questões ambientais complexas de importância global, tais como:

- **Alterações climáticas**: Estudo das emissões de gases com efeito de estufa, dos impactos nos ecossistemas e nas sociedades humanas e desenvolvimento de estratégias de atenuação e adaptação.
- **Destruição da camada de ozono**: Compreender as causas e os efeitos da destruição da camada de ozono e aplicar acordos

internacionais como o Protocolo de Montreal para proteger a camada de ozono.

- **Crise energética**: Promover fontes de energia renováveis, medidas de eficiência energética e políticas energéticas sustentáveis para reduzir a dependência dos combustíveis fósseis.
- **Desertificação**: Estudo dos processos de degradação dos solos, promoção de práticas sustentáveis de gestão dos solos e combate à desertificação através da reflorestação e da conservação dos solos.
- **Urbanização**: Gerir o crescimento urbano, melhorar as infra-estruturas urbanas e enfrentar desafios como a poluição, a gestão de resíduos e a expansão urbana.
- **Explosão populacional**: Estudar a dinâmica populacional, os padrões de consumo de recursos e promover estratégias de desenvolvimento sustentável para satisfazer as necessidades de uma população em crescimento sem esgotar os recursos.

As ciências do ambiente oferecem uma gama diversificada de opções de carreira em vários sectores. Eis os principais percursos profissionais relacionados com esta disciplina:

- **Sectores**: Os especialistas em ambiente são necessários para garantir o cumprimento da regulamentação ambiental. Orientam as indústrias na adoção de tecnologias limpas, no controlo da poluição, na gestão da eliminação de resíduos e na realização de auditorias ambientais.
- **Consultoria**: As empresas de consultoria ambiental prestam serviços a governos, indústrias e ONG. Efectuam análises laboratoriais e estudos de campo para avaliações de impacto ambiental (AIA) e processos de conformidade.
- **Investigação e desenvolvimento (I&D)**: As oportunidades em I&D incluem o estudo dos tipos, causas e efeitos da poluição, bem como o desenvolvimento de tecnologias limpas e eficientes.

As carreiras neste domínio envolvem funções como cientistas, investigadores e analistas.

- **Académicos**: As ciências ambientais são ensinadas em vários níveis de ensino, o que exige um número significativo de professores e académicos para educar os estudantes e realizar investigação.
- **Marketing ecológico**: Os profissionais de marketing verde promovem produtos amigos do ambiente e incorporam certificações de qualidade ambiental, como a ISO-14000, nas estratégias de marketing. Esta área oferece carreiras em marketing, comunicação e sustentabilidade.
- **Meios de comunicação social ecológicos**: É necessário pessoal qualificado na imprensa escrita e eletrónica para aumentar a sensibilização para as questões ambientais. As revistas e os jornais publicam frequentemente artigos sobre temas ambientais, proporcionando oportunidades para jornalistas e editores.
- **Advocacia ecológica**: Os advogados especializados em ambiente desempenham um papel crucial na garantia da aplicação das leis e regulamentos ambientais. Podem participar em litígios de interesse público (PIL) para resolver problemas ambientais.
- **ONGs**: As ONG ambientais implementam vários programas ambientais com financiamento de agências nacionais e internacionais. As carreiras nas ONGs envolvem funções de gestão de projetos, defesa de causas, análise de políticas e sensibilização da comunidade.
- **Empregos na administração pública**: Os organismos governamentais, como os ministérios do ambiente, as comissões de controlo da poluição e os parques nacionais, oferecem funções convencionais relacionadas com a gestão ambiental, o desenvolvimento de políticas e a aplicação da lei.
- **Agências internacionais**: Organizações como a UNEP, a IUCN e o Banco Mundial necessitam de profissionais qualificados para implementar projectos ambientais globais. As carreiras em

agências internacionais envolvem funções de elaboração de políticas, gestão de projectos, investigação e defesa de causas.

Importância da ciência ambiental:-

A ciência ambiental desempenha, de facto, um papel crucial na abordagem e atenuação de vários problemas ambientais que o mundo enfrenta atualmente. Eis como ela cumpre objectivos importantes para salvar o ambiente:

- **Compreender o impacto ambiental**:
    - As ciências do ambiente ajudam-nos a compreender como as actividades humanas, desde as acções quotidianas até aos projectos de desenvolvimento em grande escala, afectam o ambiente.
    - Estuda as interações entre os sistemas humanos e os sistemas naturais, fornecendo informações sobre as consequências das alterações ambientais nos ecossistemas e na saúde humana.
- **Prevenção e controlo da poluição**:
    - Um dos principais objectivos da ciência ambiental é promover um ambiente livre de poluição.
    - Orienta o desenvolvimento e a aplicação de estratégias para prevenir e controlar a poluição do ar, da água, do solo e dos alimentos.
    - Ao estudar as fontes de poluição, avaliar os seus impactos e desenvolver tecnologias de controlo da poluição, as ciências do ambiente visam melhorar a qualidade ambiental e o bem-estar humano.
- **Utilização eficiente dos recursos naturais**:
    - As ciências do ambiente dão ênfase à utilização sustentável dos recursos naturais, como a água, as florestas, os minerais e os combustíveis fósseis.

- o Promove estratégias de conservação que garantem a máxima utilidade dos recursos com o mínimo de desperdício.
  - o Técnicas como a reciclagem e a colheita sustentável são defendidas para manter a disponibilidade de recursos para as gerações futuras.
- **Promoção de práticas ecológicas**:
  - o As ciências do ambiente orientam as indústrias e as empresas para a adoção de tecnologias limpas e eficientes.
  - o Incentiva a aplicação de sistemas de controlo da poluição e o cumprimento da regulamentação ambiental.
  - o Ao promover práticas respeitadoras do ambiente, a ciência ambiental apoia o desenvolvimento industrial sustentável que minimiza os impactos ambientais.

Essencialmente, a ciência ambiental fornece os conhecimentos, as ferramentas e as estratégias necessárias para enfrentar os desafios ambientais e atingir os objectivos de desenvolvimento sustentável. Ao integrar a investigação científica, o desenvolvimento de políticas, a educação e a sensibilização do público, promove uma abordagem holística da proteção e conservação do ambiente. A promoção da educação em ciências ambientais a todos os níveis é crucial para fomentar uma cultura global de gestão ambiental e garantir um planeta mais saudável para as gerações futuras.

CAPÍTULO 2: RECURSOS NATURAIS E PROBLEMAS ASSOCIADOS

Baseado na Origem:-

- **Recursos vivos (bióticos)**:
    - Tem origem em organismos vivos ou materiais orgânicos.
    - Os exemplos incluem plantas, animais e combustíveis fósseis (carvão, petróleo, gás natural) que se formam a partir de matéria orgânica ao longo de milhões de anos.
- **Recursos não vivos (abióticos)**:
    - Derivados de materiais não vivos ou inorgânicos.
    - Exemplos incluem o ar, a luz solar, a água e os minerais.

Com base em depósito ou stock:

- **Recursos renováveis**:
    - Podem ser repostos naturalmente num curto espaço de tempo ou são inesgotáveis.
    - Os exemplos incluem a energia solar, a energia eólica, a energia hidroelétrica, a biomassa, a energia das marés e a energia geotérmica.
    - Os recursos renováveis são considerados sustentáveis porque podem ser utilizados indefinidamente sem se esgotarem.

- **Recursos não renováveis**:
  - Não pode ser reabastecido num curto espaço de tempo após o esgotamento.
  - Os exemplos incluem os combustíveis fósseis (carvão, petróleo, gás natural) e minerais como o ferro, o cobre e o urânio.
  - Os recursos não renováveis são finitos e levam milhões de anos a formar-se, pelo que a sua conservação e utilização eficiente são cruciais para o desenvolvimento sustentável.

Recursos naturais e problemas associados:- O consumo desigual dos recursos naturais é, de facto, uma questão significativa a nível mundial, com impactos variáveis em diferentes regiões e populações. Eis alguns dos principais problemas associados aos recursos naturais:

- **Esgotamento dos recursos não renováveis**:
  - Os recursos não renováveis, como os combustíveis fósseis (carvão, petróleo, gás natural) e os minerais, são finitos e levam milhões de anos a formar-se. O seu consumo excessivo e a sua utilização ineficiente conduzem ao seu esgotamento, ameaçando a disponibilidade futura.
- **Degradação ambiental**:
  - A extração, transformação e consumo de recursos naturais conduzem frequentemente à degradação do ambiente. Por exemplo, a desflorestação para a produção de madeira e a agricultura conduz à perda de biodiversidade e de serviços ecossistémicos.
- **Escassez de água**:
  - A distribuição desigual e a utilização excessiva dos recursos de água doce conduzem à escassez de água em muitas regiões. Esta situação afecta a agricultura, a indústria e a saúde humana, agravando os conflitos em torno dos recursos hídricos.
- **Perda de biodiversidade**:

o A destruição dos habitats, a sobre-exploração das espécies e a poluição contribuem para a perda de biodiversidade. Esta situação afecta a estabilidade dos ecossistemas, a resiliência e a capacidade de prestar serviços essenciais, como a polinização e a regulação do clima.

- **Poluição do ar e da água**:
  o A extração e a queima de combustíveis fósseis libertam poluentes para a atmosfera, conduzindo à poluição atmosférica e às alterações climáticas. Do mesmo modo, as actividades industriais e o escoamento agrícola poluem as massas de água, afectando os ecossistemas aquáticos e a saúde humana.

- **Degradação dos solos**:
  o As práticas insustentáveis de utilização dos solos, como a desflorestação, a urbanização e a agricultura insustentável, conduzem à erosão dos solos, à desertificação e à perda de terras aráveis.

- **Alterações climáticas**:
  o As emissões de gases com efeito de estufa provenientes de actividades humanas, em especial a queima de combustíveis fósseis, contribuem para o aquecimento global e as alterações climáticas. Isto conduz a impactos como a subida do nível do mar, a maior frequência de fenómenos meteorológicos extremos e a perturbação dos ecossistemas.

- **Desigualdades sociais e económicas**:
  o A distribuição desigual dos recursos naturais exacerba as disparidades sociais e económicas entre nações e no seio das populações. O acesso à água potável, à energia e aos recursos naturais pode ser limitado nas comunidades marginalizadas, afectando o seu bem-estar e desenvolvimento.

1) Recursos florestais:-

Uma floresta pode ser definida como uma comunidade biótica predominante de árvores, arbustos ou qualquer outra vegetação lenhosa, geralmente num dossel fechado. O termo deriva da palavra latina 'foris' que significa 'fora'. Na Índia, a cobertura florestal é de 6.76.000 km2 (20,55% da área geográfica). Os cientistas estimam que, idealmente, a Índia deveria ter 33% do seu território coberto por florestas. Atualmente, temos apenas cerca de 12%, pelo que precisamos não só de proteger as florestas existentes, mas também de aumentar o nosso coberto florestal.

Importância e funções das florestas:-

- **Habitat**: As florestas fornecem habitats para milhões de plantas, animais e vida selvagem, apoiando a biodiversidade.
- **Ciclo da água**: As florestas reciclam a água da chuva através da transpiração e mantêm os ciclos hidrológicos.
- **Qualidade do ar**: As florestas removem os poluentes do ar e contribuem para uma qualidade do ar mais limpa.
- **Qualidade da água**: As florestas ajudam a regular a qualidade da água, filtrando os poluentes e os sedimentos.
- **Regulação do clima**: As florestas moderam as temperaturas e os padrões climáticos a nível local e global.
- **Conservação do solo**: As raízes das árvores fixam o solo, evitando a erosão e actuando como quebra-ventos.

Utilizações das florestas:-

- **Fornecimento de madeira**: Utilizada em várias indústrias para a produção de madeira, mobiliário e papel.
- **Produtos florestais não lenhosos**: Inclui gomas, resinas, plantas medicinais e outros produtos naturais.
- **Serviços ecológicos**: As florestas produzem oxigénio, sequestram dióxido de carbono e fornecem habitats para diversas espécies.

Benefícios ecológicos

- **Produção de oxigénio**: As florestas são grandes produtoras de oxigénio através da fotossíntese.
- **Sequestro de carbono**: As árvores absorvem dióxido de carbono, mitigando as emissões de gases com efeito de estufa.
- **Conservação do solo**: As florestas reduzem a erosão do solo e melhoram a sua fertilidade através da decomposição da folhagem.
- **Regulação da água**: As florestas actuam como esponjas naturais, regulando o fluxo de água e evitando inundações.
- **Controlo da poluição**: As florestas absorvem os poluentes e reduzem a poluição atmosférica e sonora.

Desafios e questões:-

- **Desflorestação**: O abate de florestas devido a actividades humanas como a agricultura, a exploração madeireira e o desenvolvimento de infra-estruturas.
- **Causas da desflorestação**: Incluem a expansão agrícola, a mineração, a urbanização e a demanda por lenha.
- **Consequências da desflorestação**: Aumento do aquecimento global, erosão do solo, perda de biodiversidade e perturbação dos ciclos da água.

Estudo de caso: Movimento Chipko

- O Movimento Chipko teve origem na Índia, em 1970, como um protesto ambiental de base contra a desflorestação.
- Os aldeões abraçaram as árvores para evitar que fossem cortadas para fins comerciais.
- O movimento espalhou-se por toda a Índia e levou a mudanças significativas na política ambiental, incluindo a proibição do abate de árvores em certas regiões.

<u>**2) Recursos hídricos**</u>

Distribuição da água na Terra: 97% da água na Terra é água salgada. Apenas três por cento é água doce; um pouco mais de dois terços desta água está congelada nos glaciares e no gelo polar. A restante água doce não congelada encontra-se principalmente como água subterrânea, com apenas uma pequena fração presente acima do solo ou no ar.

<u>**Formas de água doce**</u>

- **Águas subterrâneas:**
  - Representa cerca de 9,86% do total dos recursos de água doce.
  - Os recursos hídricos subterrâneos são significativamente maiores (35-50 vezes) do que os recursos hídricos superficiais.
- **Águas de superfície:**
  - Inclui rios, lagos, reservatórios e outras fontes acima do solo.

<u>**Utilizações da água:-**</u>

- **Uso doméstico:**
  - A água é utilizada nos agregados familiares para beber, tomar banho, lavar a roupa, cozinhar e para o saneamento.
  - A utilização doméstica recomendada por pessoa, de acordo com as normas indianas, é de 135 litros/dia.
- **Utilização industrial:**
  - Utilizado em várias indústrias, como a indústria do cimento, mineira, têxtil e do couro, para fins de processamento e refrigeração.
- **Utilidade pública:**
  - Utilizado para regar parques, lavar ruas e outros fins de saneamento público.
- **Emergência e segurança:**

- o Essencial no combate a incêndios e como recurso em situações de emergência.
- **Utilização agrícola:**
  - o A água é crucial para a irrigação, apoiando a produção agrícola e a segurança alimentar.
- **Produção de energia:**
  - o A produção de energia hidroelétrica depende dos recursos hídricos para produzir eletricidade.

Efeitos da sobreutilização das águas subterrâneas e superficiais:-

Rebaixamento do lençol freático: A utilização excessiva de água subterrânea para beber, irrigar e para fins domésticos resultou num rápido esgotamento da água subterrânea em várias regiões, levando ao abaixamento do lençol freático e à secagem dos poços.

Subsidência do solo: Quando a extração de água subterrânea é superior à sua taxa de recarga, os sedimentos do aquífero ficam compactados. A isto chama-se subsidência do solo, que pode causar danos em edifícios e destruir sistemas de abastecimento de água.

Seca. É um período prolongado de meses ou anos em que uma região regista uma deficiência no seu abastecimento de água, quer seja água superficial ou subterrânea. Geralmente, isto ocorre quando uma região recebe consistentemente uma precipitação abaixo da média.

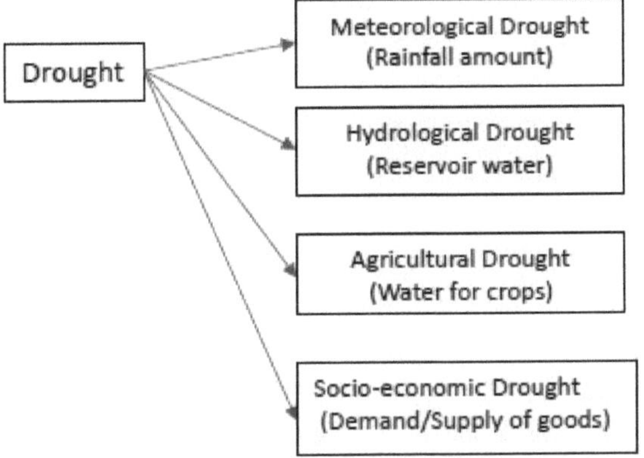

a) Seca meteorológica:- A seca meteorológica é geralmente definida comparando a precipitação num determinado local e num determinado momento com a precipitação média para esse local. A definição é, portanto, específica para um determinado local. A seca meteorológica conduz a uma diminuição da humidade do solo, o que tem quase sempre um impacto na produção agrícola.

b) Seca hidrológica: - A seca hidrológica está associada ao efeito da baixa precipitação nos níveis de água dos rios, reservatórios, lagos e aquíferos. As secas hidrológicas são normalmente registadas algum tempo após as secas meteorológicas. Primeiro, a precipitação diminui e, algum tempo depois, os níveis de água nos rios e lagos baixam.

c) Seca agrícola: A seca agrícola afecta principalmente a produção alimentar e a agricultura. A seca agrícola e a escassez de precipitação provocam défices de água no solo, redução dos níveis das águas subterrâneas ou dos reservatórios, etc. A falta de humidade na camada superficial do solo no momento da plantação pode impedir a germinação, conduzindo a baixas populações de plantas.

d) Seca socioeconómica: A seca socioeconómica ocorre quando a procura de um bem económico excede a oferta em resultado de uma escassez de água relacionada com as condições meteorológicas. O abastecimento de muitos bens económicos, como a água, a forragem, os cereais alimentares, o peixe e a energia hidroelétrica, depende do clima. Devido à variabilidade do clima, o abastecimento de água é suficiente em alguns anos, mas não é satisfatório para satisfazer as necessidades humanas e ambientais noutros anos.

Inundações:-

Uma inundação é um transbordamento de água que submerge uma terra que normalmente está seca. A diretiva da União Europeia (UE) relativa às inundações define uma inundação como uma cobertura por água de uma terra normalmente não coberta por água. As inundações podem ocorrer como um transbordamento de água de massas de água, como um rio ou lago, em que a água transborda ou quebra, resultando em que parte dessa água escapa aos seus limites habituais, ou podem ocorrer devido a uma acumulação de água da chuva em solo saturado numa área inundada. As cheias também podem ocorrer nos rios quando o caudal excede a capacidade do canal fluvial, particularmente nas curvas do curso de água. As cheias causam frequentemente danos em casas e empresas que se encontram nas planícies aluviais naturais dos rios.

Conflitos sobre a água:-

O conflito pela água é um termo que descreve um conflito entre países, estados ou grupos sobre o acesso aos recursos hídricos. Ocorre porque a procura de recursos hídricos e de água potável ultrapassa largamente a quantidade de água efetivamente disponível. Os elementos de uma crise hídrica podem pressionar as partes afectadas a obterem mais de um recurso hídrico partilhado, causando tensão diplomática ou um conflito total.

A disputa sobre a água de Cauvery: Dos 18 principais rios da Índia, 17 são partilhados entre diferentes Estados. Em todos estes casos, existem conflitos intensos sobre estes recursos que parecem não ter solução. A água do rio Cauvery é um ponto de discórdia entre

Tamilnadu e Karnataka e o problema tem quase cem anos. Tamilnadu, que ocupa a região a jusante do rio, pretende que a utilização da água seja regulamentada no estado a montante, Karnataka, que se recusa a fazê-lo e reclama a sua privacidade sobre o rio enquanto utilizador a montante. A água do rio é quase totalmente utilizada e ambos os Estados têm uma procura crescente para a agricultura e a indústria. O consumo é maior em Tamilnadu do que em Karnataka, onde a área de captação é mais rochosa. Em 2 de junho de 1990, foi criado o Tribunal de Litígios sobre a Água de Cauvery que, através de uma decisão provisória, ordenou ao Karnataka que assegurasse a disponibilização anual de 205 TMCF de água na barragem de Tamilnadu Mettur, até se chegar a uma solução. Em 1991-92, devido à boa monção, não houve qualquer litígio, uma vez que havia uma boa reserva de água em Mettur, mas em 1995, a situação transformou-se numa crise devido ao atraso das chuvas, tendo sido criada uma comissão de peritos para analisar a questão, que concluiu que existia um padrão de cultivo complexo na bacia de Cauvery. O arroz de Sambra no inverno, o arroz de Kurvai no verão e algumas culturas de rendimento exigiam uma utilização intensiva de água, agravando assim a crise hídrica. A seleção adequada das variedades de culturas, a utilização óptima da água, um melhor racionamento e padrões de partilha racional, bem como a fixação do preço da água, são sugeridas como algumas medidas para resolver o problema.

<u>Benefícios e problemas das barragens:-</u> Atualmente existem mais de 45.000 grandes barragens em todo o mundo, que desempenham um papel importante nas comunidades e economias que aproveitam estes recursos hídricos para o seu desenvolvimento económico. As estimativas actuais sugerem que cerca de 30-40% das terras irrigadas em todo o mundo dependem de barragens. A energia hidroelétrica, outro candidato à utilização de água armazenada, fornece atualmente 19% da energia eléctrica total do mundo e é utilizada em mais de 150 países. Os dois países mais populosos do mundo - China e Índia - construíram cerca de 57% das grandes barragens do mundo.

<u>**Benefícios:-**</u> Os projectos de vales fluviais com grandes barragens são geralmente considerados como desempenhando um papel fundamental no processo de desenvolvimento devido às suas múltiplas utilizações. A Índia tem a distinção de possuir o maior número de projectos de vales fluviais. As tribos que vivem na região depositam grandes esperanças nestes projectos, uma vez que visam criar emprego e elevar o nível e a qualidade de vida. As barragens têm um enorme potencial de elevação e crescimento económico. Podem ajudar a controlar as inundações e a fome, gerar eletricidade e reduzir a escassez de água e de energia, fornecer água de irrigação às zonas baixas, fornecer água potável a zonas remotas e promover a navegação, a pesca, etc

<u>**Impactos das grandes barragens:**</u>

- **Fragmentação e transformação física dos rios**:
    - As grandes barragens alteram o caudal natural dos rios, conduzindo à fragmentação e a alterações nos ecossistemas fluviais. As barragens obstruem o fluxo de sedimentos, afectando os habitats a jusante e alterando a dinâmica das planícies aluviais.
- **Graves impactos nos ecossistemas ribeirinhos**:
    - As alterações no caudal da água, no transporte de sedimentos e na temperatura devidas às barragens perturbam os ecossistemas aquáticos. Isto pode ameaçar as populações de peixes, alterar a biodiversidade e degradar a qualidade da água.
- **Consequências sociais e deslocação**:
    - As grandes barragens conduzem frequentemente à deslocação de comunidades que vivem nas zonas das albufeiras das barragens. As populações indígenas e tribais são desproporcionadamente afectadas, enfrentando a perda de meios de subsistência, perturbações culturais e desafios de relocalização.
    - Na Índia, uma percentagem significativa das pessoas deslocadas por barragens são populações tribais, que

sofrem de marginalização social e económica apesar da sua pequena percentagem de população.

- **Encharcamento e salinização**:
  - O represamento de água atrás das barragens pode levar ao alagamento e à salinização das terras circundantes, afectando a agricultura e a fertilidade do solo.
- **Perturbação das populações animais**:
  - As barragens podem deslocar a vida selvagem e perturbar as rotas de migração de peixes e outras espécies aquáticas. Isto afecta a biodiversidade e o equilíbrio ecológico nos habitats ribeirinhos.
- **Impactos culturais e espirituais**:
  - As barragens podem submergir locais de património cultural, terras sagradas e cemitérios ancestrais, afectando as práticas espirituais e culturais das comunidades afectadas.
- **Perturbação da pesca e dos transportes**:
  - As práticas tradicionais de pesca e o transporte fluvial são frequentemente perturbados ou restringidos pela construção de barragens e pela alteração dos padrões de fluxo dos rios.

Desafios enfrentados pelos povos indígenas e tribais

- **Impacto desproporcional**: As comunidades indígenas e tribais suportam um ónus desproporcionado dos impactos negativos das grandes barragens, apesar da sua população relativamente pequena.
- **Exclusão dos benefícios**: Estas comunidades muitas vezes não partilham os benefícios económicos prometidos pelos projectos de barragens, agravando as desigualdades sociais e económicas.

<u>**3. Recursos minerais**</u>

Um mineral é uma substância de ocorrência natural com uma composição química definida e propriedades físicas identificáveis. A ocorrência dos minerais é geralmente localizada e a distribuição dos depósitos é muito esporádica. Os recursos minerais não são renováveis e os minerais são extraídos através do processo de extração mineira. Os minerais com propriedades especiais que os seres humanos valorizam pelo seu valor estético e ornamental são as gemas, como os diamantes, as esmeraldas e os rubis. Os minerais sob a forma de petróleo, gás e carvão formaram-se quando plantas e animais antigos foram convertidos em combustíveis fósseis subterrâneos.

Os minerais têm, de facto, diversas utilizações em vários sectores, incluindo aplicações domésticas, industriais e medicinais. Aqui está uma visão alargada de algumas utilizações comuns:

- **Produção de energia:**
    - **Carvão (lenhite / antracite):** O carvão é uma fonte significativa de energia utilizada na produção de eletricidade e nos processos industriais.
    - **Urânio:** O urânio é crucial para a produção de energia nuclear, fornecendo uma parte substancial da eletricidade mundial.
    - **Ouro, prata, platina, diamante:** Estes minerais são amplamente utilizados em joalharia devido ao seu valor e apelo estético.
- **Aplicações industriais:**
    - **Cobre, alumínio:** Estes minerais são utilizados em cabos eléctricos para transmitir energia de forma eficiente a longas distâncias.
    - **Minério de ferro:** O minério de ferro é a principal fonte de ferro utilizada na produção de aço, um material fundamental para a construção e fabrico.

- o **Elementos de terras raras (por exemplo, neodímio, ítrio):** Estes minerais são essenciais para o fabrico de eletrónica, ímanes e tecnologias de energia renovável, como turbinas eólicas e baterias de veículos eléctricos.
- **Usos medicinais:**
  - o Os minerais e elementos como o **ouro** têm sido historicamente utilizados em sistemas de medicina tradicional como a Ayurveda. Acredita-se que o ouro tem propriedades que fortalecem o músculo cardíaco e aumentam a energia e a resistência, embora a investigação médica moderna tenha perspectivas diferentes sobre estas afirmações.
  - o **Outros minerais na medicina:** Vários minerais e seus compostos são utilizados em produtos farmacêuticos e suplementos modernos pelos seus benefícios nutricionais e terapêuticos. Por exemplo, o cálcio e o magnésio são minerais essenciais para a saúde dos ossos.

A exploração mineira e o seu processo

A exploração mineira é, de facto, um processo sistemático que envolve várias fases para extrair minerais valiosos da crosta terrestre. Aqui está uma visão geral de cada fase:

- **Prospeção:**
  - o **Objetivo:** A prospeção envolve a procura de minerais através de vários métodos para identificar potenciais locais onde possam existir depósitos economicamente viáveis.
  - o **Métodos:** Esta fase utiliza levantamentos geológicos, tecnologias de deteção remota (como imagens de satélite), análises geoquímicas e, por vezes, métodos tradicionais como escavações ou perfurações para recolher dados preliminares.
- **Exploração:**

- o **Objetivo:** A exploração tem por objetivo determinar a dimensão, a forma e a localização exacta dos depósitos minerais identificados durante a prospeção.
- o **Métodos:** Técnicas como a cartografia geológica, levantamentos geofísicos (medição de propriedades magnéticas, eléctricas ou sísmicas) e perfurações são utilizadas para recolher informações detalhadas sobre o corpo do minério. Os dados recolhidos durante a exploração ajudam a avaliar a viabilidade económica e os potenciais impactos ambientais da exploração mineira.

- **Desenvolvimento:**
  - o **Objetivo:** O desenvolvimento envolve a preparação do local e das infra-estruturas necessárias para aceder e extrair minerais de forma segura e eficiente.
  - o **Actividades:** Esta fase inclui a construção de estradas, a construção de instalações (como fábricas de processamento e alojamentos para trabalhadores), o estabelecimento de sistemas de abastecimento de água e eletricidade e a criação de métodos de transporte de minerais extraídos para locais de processamento ou de mercado.

- **Exploração (Mineração):**
  - o **Objetivo:** A exploração é a extração efectiva de minerais da crosta terrestre.
  - o **Métodos:** Dependendo das caraterísticas do corpo de minério e dos minerais que estão a ser extraídos, podem ser utilizados diferentes métodos. As técnicas mais comuns incluem a extração a céu aberto (para depósitos pouco profundos), a extração subterrânea (para depósitos mais profundos) e a lixiviação in situ (para extrair minerais sem remover fisicamente o minério).

Tipos de extração mineira

a) À superfície (minas a céu aberto ou a céu aberto)

b) Minas de fundo ou de poço.

a) Exploração mineira de superfície: A extração mineira de superfície é utilizada para obter minérios que se encontram perto da superfície da Terra. O solo e as rochas que cobrem o minério são removidos por meio de explosões. Normalmente, o minério remanescente é perfurado ou dinamitado para que grandes máquinas possam encher camiões com as rochas partidas. Os camiões levam as rochas para fábricas onde o minério será separado do resto da rocha. A extração à superfície inclui a extração a céu aberto, a extração em pedreiras e a extração em tiras.

1) A extração a céu aberto cria uma grande cava a partir da qual o minério é extraído. O tamanho da cava aumenta até que deixa de ser rentável extrair o restante minério.

2) As minas de tiras são semelhantes às minas a céu aberto, mas o minério é extraído em grandes tiras.

3) Uma pedreira é um tipo de mina a céu aberto que produz rochas e minerais que são utilizados para construir edifícios.

b) Extração subterrânea: A extração subterrânea é utilizada para minérios que se encontram a grande profundidade na superfície da Terra. Para depósitos de minério profundos, pode ser demasiado caro remover todas as rochas acima do minério. As minas subterrâneas podem ser muito profundas. A mina de ouro mais profunda da África do Sul tem mais de 3.700 metros de profundidade (ou seja, mais de 2 milhas)! Existem vários métodos de extração subterrânca. Estcs métodos são mais caros do que a extração à superfície porque são feitos túneis na rocha para que os mineiros e o equipamento possam chegar ao minério. A exploração mineira subterrânea é um trabalho perigoso. Também é necessário levar ar fresco e luzes para os mineiros nos túneis. Os mineiros respiram muitas partículas e poeiras enquanto estão no subsolo. O minério é perfurado, rebentado ou cortado da rocha circundante e retirado do túnel

<u>**Efeitos ambientais**</u>

A extração e a transformação de minerais nas minas têm um impacto negativo no ambiente. O processo de extração mineira envolve muitos riscos devido à temperatura elevada, às variações de pressão, aos riscos de incêndio e à falta de ventilação nas minas.

- O processo de extração mineira envolve a remoção do excesso de carga do solo, a extração e transporte do minério, a trituração e moagem do minério, o tratamento da água do minério e o armazenamento dos resíduos. Estas actividades causam poluição atmosférica, poluição sonora, poluição da água, perda de habitat da vida selvagem, concentração de substâncias tóxicas nas bacias de rejeitos e disseminação de poeiras.
- As pessoas que trabalham nas minas sofrem frequentemente de doenças graves do sistema respiratório e da pele.
- A exploração mineira provoca frequentemente o afundamento do solo, o que resulta na inclinação de edifícios, fissuras nas casas, deformação de estradas, curvatura de vias férreas, etc.
- O processo de exploração antes da extração mineira envolve levantamentos geoquímicos e geofísicos. Actividades de perfuração que causam poluição do ar, poluição sonora, etc...
- Além disso, a perturbação de toda a vegetação (flora) e fauna (animais) dessa região.
- **Drenagem ácida de minas** (DAM), ou **drenagem ácida de rochas** (DAR): O escoamento de água ácida de minas de metal ou de carvão (normalmente abandonadas). No entanto, outras áreas onde a terra foi perturbada (por exemplo, estaleiros de construção, loteamentos, corredores de transporte, etc.) podem também contribuir para a drenagem ácida de rochas para o ambiente.

CAPÍTULO 3: RECURSOS ALIMENTARES

Historicamente, os seres humanos obtinham alimentos através de dois métodos: caça e recolha e agricultura. Atualmente, a maior parte da energia alimentar necessária para a população mundial em constante crescimento é fornecida pela indústria alimentar.

A segurança alimentar e a segurança dos alimentos são monitorizadas por agências como a Associação Internacional para a Proteção dos Alimentos, o Instituto de Recursos Mundiais, o Programa Alimentar Mundial, a Organização para a Alimentação e a Agricultura e o Conselho Internacional de Informação Alimentar. Estas agências abordam questões como a sustentabilidade, a diversidade biológica, as alterações climáticas, a economia nutricional, o crescimento da população, o abastecimento de água e o acesso aos alimentos.

As 3 principais fontes de alimentos para os seres humanos são: - as terras de cultivo, as pastagens e as pescas.

- As terras de cultivo fornecem a maior parte dos alimentos para o homem. Embora existam milhares de plantas comestíveis na Terra, apenas 4 são culturas essenciais; a batata, o arroz, o trigo e o milho são responsáveis por grande parte do consumo calórico dos seres humanos. Poucos animais são criados para leite, carne e ovos (por exemplo, aves de capoeira, bovinos e suínos)

- As pastagens fornecem uma fonte diferente de leite e carne de animais.

- A pesca fornece peixes que são uma importante fonte de proteína animal na Terra, especialmente nas zonas costeiras e na Ásia.

A maioria dos alimentos tem a sua origem nas plantas. Alguns alimentos são obtidos diretamente das plantas; mas mesmo os animais que são utilizados como fontes de alimentação são criados alimentando-os com alimentos derivados de plantas. Os cereais são um alimento básico que fornece mais energia alimentar a nível mundial do que qualquer outro tipo de cultura. O milho, o trigo e o arroz, em todas as suas variedades, representam 87% de toda a produção de cereais a nível mundial. A maior parte dos cereais produzidos em todo o mundo é utilizada para alimentar o gado.

Os produtos alimentares produzidos pelos animais incluem o leite produzido pelas glândulas mamárias, que em muitas culturas é consumido cru ou transformado em produtos lácteos (queijo, manteiga, etc.). Além disso, as aves e outros animais põem ovos, que são frequentemente consumidos, e as abelhas produzem mel, o néctar reduzido das flores, que é um adoçante popular em muitas culturas.

Algumas culturas e povos não consomem carne ou produtos alimentares de origem animal por razões culturais, dietéticas, de saúde, éticas ou ideológicas. Os vegetarianos optam por renunciar a alimentos de origem animal em diferentes graus. Os veganos não consomem quaisquer alimentos que sejam ou contenham ingredientes de origem animal.

Problemas alimentares mundiais:-

A questão da segurança alimentar é, de facto, complexa e multifacetada, influenciada por uma combinação de factores que afectam a produção, a distribuição e o acesso aos alimentos a nível mundial. Eis uma visão alargada de alguns destes factores e das suas implicações:

- **Crescimento da população e alteração dos regimes alimentares:**
  - Prevê-se que a população mundial atinja os 9 mil milhões de pessoas até 2050, o que levará a um aumento da procura de alimentos. Além disso, à medida que os rendimentos aumentam, as preferências alimentares mudam para alimentos mais intensivos em recursos, como a carne e os lacticínios, que requerem mais terra, água e energia para serem produzidos.

- **Alterações climáticas:**
  - As alterações climáticas estão a alterar os padrões meteorológicos, conduzindo a secas, inundações e tempestades mais frequentes e graves. Estes fenómenos meteorológicos extremos podem devastar as culturas, reduzir os rendimentos e perturbar os sistemas de produção alimentar.
- **Escassez de água:**
  - O acesso à água é crucial para a agricultura, mas os recursos hídricos estão cada vez mais sujeitos a pressões devido à utilização excessiva, à poluição e à variabilidade climática. Uma gestão eficiente da água na agricultura é essencial para satisfazer de forma sustentável as necessidades de produção alimentar.
- **Aumento dos preços dos alimentos:**
  - As flutuações dos preços dos produtos alimentares, frequentemente influenciadas por factores como os preços da energia, os fenómenos climáticos e a especulação do mercado, podem ter um impacto significativo na acessibilidade e na capacidade de compra dos produtos alimentares, em especial nos países em desenvolvimento, onde uma grande parte do rendimento é gasta em alimentos.
- **Globalização e comércio:**
  - O comércio mundial desempenha um papel vital na segurança alimentar, permitindo que os países tenham acesso a recursos alimentares de que podem carecer a nível interno. No entanto, a dependência de alimentos importados pode também tornar os países vulneráveis às flutuações de preços e às perturbações do abastecimento no mercado mundial.
- **Urbanização e uso do solo:**
  - A urbanização está a aumentar a nível mundial, levando à conversão de terrenos agrícolas em zonas urbanas. O

equilíbrio entre o desenvolvimento urbano e as necessidades de produção alimentar é crucial para manter a segurança alimentar.

- **Preços da energia e factores de produção:**
    - O custo da energia, dos fertilizantes e de outros factores de produção agrícola afecta os custos de produção alimentar e, em última análise, os preços dos alimentos. Os elevados custos dos factores de produção podem limitar a capacidade dos agricultores para aumentar a produção, em especial nas regiões em desenvolvimento.
- **Desperdício e perda de alimentos:**
    - Ao longo da cadeia de abastecimento, desde a produção até ao consumo, perdem-se ou desperdiçam-se quantidades significativas de alimentos. A resolução do problema do desperdício alimentar pode melhorar a disponibilidade de alimentos e reduzir a pressão sobre os sistemas de produção.

A agricultura é a maior e mais antiga indústria do mundo. A agricultura tem efeitos ambientais primários e secundários. Um efeito primário é um efeito na área onde a agricultura é efectuada, ou seja, um efeito no local. Um efeito secundário, também designado por efeito fora do local, é um efeito num ambiente fora da zona agrícola.

Os efeitos da agricultura no ambiente podem ser classificados em três grupos: global, regional e local.

(1) Efeitos globais: Estes incluem alterações climáticas, bem como alterações potencialmente extensas nos ciclos químicos.

(2) Efeitos regionais: Este fenómeno é causado pelos efeitos combinados das práticas agrícolas numa mesma grande região. Os efeitos regionais incluem a desflorestação, a desertificação, a poluição em grande escala, o aumento da sedimentação nos principais rios e nos estuários na foz dos rios e alterações na fertilidade química dos solos em grandes áreas.

(3) Efeitos locais: A erosão do solo e o aumento da sedimentação a jusante nos rios locais, na proximidade das terras agrícolas, podem ser designados por efeitos locais. Os fertilizantes transportados pelos sedimentos podem também transportar toxinas e destruir a população piscícola local.

Problemas da agricultura moderna

A agricultura moderna trouxe, de facto, avanços significativos em termos de produtividade e eficiência, mas também enfrenta vários desafios e críticas:

1. **Degradação ambiental:**
   - **Degradação do solo:** As práticas agrícolas intensivas, como a utilização excessiva de fertilizantes químicos e pesticidas, podem degradar a qualidade do solo ao longo do tempo, conduzindo à erosão, à perda de fertilidade e à redução da biodiversidade.
   - **Depleção de água:** A expansão das instalações de irrigação e as práticas agrícolas intensivas podem esgotar os recursos hídricos subterrâneos e afetar a disponibilidade de água para outras utilizações.
   - **Perda de biodiversidade:** As práticas de monocultura e a utilização de variedades de elevado rendimento (HYV) podem levar a uma perda de diversidade genética entre as culturas, tornando os sistemas agrícolas mais susceptíveis a pragas e doenças.
2. **Preocupações com a saúde:**
   - **Resíduos de pesticidas:** A utilização de pesticidas e insecticidas pode resultar em resíduos nos produtos alimentares e na contaminação do ambiente, colocando em risco a saúde humana e os ecossistemas.

- o **Resistência aos antibióticos:** Na pecuária, a utilização excessiva de antibióticos para promover o crescimento e prevenir doenças pode contribuir para o desenvolvimento de bactérias resistentes aos antibióticos, afectando tanto a saúde animal como a humana.

3. **Questões económicas:**
   - o **Custo dos factores de produção:** A agricultura moderna depende frequentemente de factores de produção dispendiosos, como fertilizantes, pesticidas e maquinaria, que podem aumentar os custos de produção e afetar a rentabilidade da agricultura, especialmente para os pequenos agricultores.
   - o **Dependência de factores de produção externos:** Os agricultores podem tornar-se dependentes de factores de produção externos, como fertilizantes e sementes, que podem ser influenciados pelas flutuações do mercado e pelas cadeias de abastecimento globais.

4. **Impactos sociais:**
   - o **Declínio rural:** A mecanização e a consolidação da agricultura podem levar à redução das oportunidades de emprego nas zonas rurais, contribuindo para a migração rural-urbana e para os desafios sociais.
   - o **Propriedade da terra:** A agricultura em grande escala e as empresas agro-industriais podem exacerbar a concentração de terras, reduzindo as oportunidades para os pequenos agricultores e as comunidades indígenas.

5. **Alterações climáticas:**
   - o **Emissões de gases com efeito de estufa:** As actividades agrícolas, nomeadamente a produção animal e a utilização de fertilizantes sintéticos, contribuem para as emissões de gases com efeito de estufa, como o metano e o óxido nitroso, contribuindo para as alterações climáticas.

o   **Desafios de adaptação:** Os impactos das alterações climáticas, como a alteração dos padrões de precipitação e os fenómenos meteorológicos extremos, colocam desafios à produtividade agrícola e à segurança alimentar.

CAPÍTULO 4: PROBLEMAS COM FERTILIZANTES E PESTICIDAS

Para assegurar o aumento da produtividade nas zonas de cultivo intensivo, o aumento da aplicação de fertilizantes químicos que fornecem nutrientes às plantas tornou-se uma componente essencial da agricultura moderna. A aplicação de fertilizantes no Sul da Ásia, incluindo a Índia, multiplicou-se com a introdução generalizada da Revolução Verde. O número de fábricas de fertilizantes aumentou e a produção multiplicou-se.

Problemas causados pela utilização de fertilizantes

1. Desequilíbrio de micronutrientes: Os adubos químicos utilizados na agricultura moderna contêm azoto, fósforo e potássio (N,P,K), que são macronutrientes. A utilização excessiva de fertilizantes nos campos provoca um desequilíbrio de micronutrientes. Ex: A utilização excessiva de fertilizantes em Punjab e Haryana causou uma deficiência do micronutriente zinco, afectando assim a produtividade do solo.
2. Poluição por nitratos: O excesso de fertilizantes azotados aplicados nos campos contamina as águas subterrâneas.
3. Eutrofização: A aplicação de fertilizantes em excesso nos campos leva a que a água carregada de nutrientes seja arrastada para os lagos mais próximos, causando um excesso de nutrição. Este fenómeno é designado por "eutrofização". A eutrofização faz com que os lagos sejam atacados por "proliferação de algas".

Problemas na utilização de pesticidas

- Morte de organismos não visados: Vários insecticidas matam não só as espécies-alvo, mas também vários organismos benéficos não visados

- **Resistência aos pesticidas**: Algumas pragas que sobrevivem ao pesticida geram gerações altamente resistentes que são imunes a todos os tipos de pesticidas. Estas pragas são designadas por "superpragas"

- **Bio-magnificação**: A maioria dos pesticidas não é biodegradável e acumula-se na cadeia alimentar. A isto chama-se bioacumulação ou biomagnificação. Estes pesticidas, numa forma biomagnificada, são nocivos para os seres humanos.

- **Risco de cancro**: Os pesticidas aumentam o risco de cancro de duas formas: (i) actuam como carcinogéneos e (ii) suprimem indiretamente o sistema imunitário.

Enchimento de água:-

Se a água se mantiver no solo durante a maior parte do ano, chama-se a isso aluimento de água. O encharcamento refere-se à saturação do solo com água. O solo pode ser considerado encharcado quando está saturado de água durante a maior parte do tempo, de tal forma que a sua fase aérea é limitada. Em condições de alagamento, o solo enche-se de água e o ar do solo esgota-se. Nestas condições, as raízes das plantas não recebem ar suficiente para a respiração. O alagamento também leva a um baixo rendimento das culturas. Na agricultura, várias culturas precisam de ar. Nos terrenos agrícolas irrigados, o alagamento é frequentemente acompanhado pela salinidade do solo.

Causas do encharcamento:- O encharcamento

1. Fornecimento excessivo de água às terras de cultivo.
2. Chuva intensa.
3. Drenagem deficiente.

Medidas para evitar o alagamento:- A água é um recurso que pode ser utilizado para a construção de uma casa.

1. Evitar e prevenir a irrigação excessiva

2. Bio-drenagem por árvores como o eucalipto

Salinidade:-

O termo salinidade refere-se à quantidade de sais dissolvidos que estão
presentes na água. A salinidade é um fator importante na determinação
de muitos aspectos da química das águas naturais e dos processos
biológicos que nelas ocorrem. Os sais são compostos como o cloreto de
sódio, cloreto de magnésio, etc

CAPÍTULO 5: RECURSOS ENERGÉTICOS

A energia é essencial para a existência da humanidade. A produção e a utilização de energia indicam o progresso de um país. A energia está disponível na Terra sob diferentes formas e, atualmente, todos os países satisfazem as suas necessidades energéticas a partir de uma variedade de fontes. *As principais fontes de energia são os combustíveis fósseis, os combustíveis nucleares, a energia hídrica, a energia geotérmica, a energia solar, a energia eólica, a energia das marés, a biomassa, o hidrogénio, etc. No entanto, o sol é a principal fonte dos nossos recursos energéticos.* A política energética da Índia é definida, em grande medida, pelo défice energético em expansão do país e pela maior atenção dada ao desenvolvimento de fontes de energia alternativas, nomeadamente a energia nuclear, solar e eólica. A Índia foi classificada em $78°$ lugar entre 114 países no índice de transição energética do Fórum Económico Mundial.

Necessidades energéticas crescentes

Todas as actividades de desenvolvimento do mundo dependem direta ou indiretamente da energia. A maior parte dos processos industriais, como a extração mineira, os transportes, a iluminação, o aquecimento e a refrigeração dos edifícios, necessitam de energia. Com o aumento da população, o mundo está a enfrentar um défice de energia. As mudanças no estilo de vida, de simples para complexo e luxuoso, contribuem para este défice de energia. Quase 95% da energia comercial provém de combustíveis fósseis como o carvão e o gás natural. Estes combustíveis fósseis não durarão mais do que alguns anos. Por conseguinte, temos de explorar opções alternativas de combustível ou de energia.

Cenário indiano:

O panorama energético da Índia reflecte uma mistura diversificada de fontes tradicionais e modernas, com desafios significativos e planos ambiciosos para o futuro. Eis uma panorâmica do atual cenário energético da Índia e das suas aspirações futuras:

Mix energético atual e padrões de consumo:

1. **Fontes de energia comerciais:**
   - **Carvão, petróleo, gás:** Estes são os pilares do consumo de energia da Índia, particularmente em indústrias como a dos fertilizantes, alumínio, têxteis, cimento, ferro, aço e papel.
   - **Eletricidade:** As indústrias consomem cerca de 70% da energia eléctrica, o que evidencia a sua forte dependência da rede eléctrica.
2. **Setor dos transportes:**
   - O sector dos transportes é responsável por uma parte substancial do consumo de petróleo, sendo a gasolina e o gasóleo os principais combustíveis utilizados nos transportes rodoviários.
3. **Setor das famílias:**
   - O aumento da adoção de aparelhos como ar condicionado, frigoríficos e outros dispositivos eléctricos fez aumentar o consumo de energia no sector residencial.
4. **Fontes de energia tradicionais:**
   - Para além da energia comercial, as fontes tradicionais como a madeira, os resíduos agrícolas e os resíduos animais continuam a ser cruciais, especialmente nas zonas rurais onde o acesso à energia moderna é limitado.

Desafios:

1. **Segurança energética:**
   - O rápido crescimento económico exige o aumento da produção interna de energia para satisfazer de forma sustentável a procura crescente.
2. **Utilização eficiente:**

- o A melhoria da eficiência energética em todos os sectores é crucial para otimizar a utilização da energia e reduzir o impacto ambiental.

Planos e iniciativas futuros:

1. **Energias renováveis:**
   - o **Energia solar:** A Índia deu passos significativos no domínio da energia solar, com uma capacidade de 34,404 GW em fevereiro de 2020. Os planos incluem uma maior expansão para aproveitar o potencial solar.
   - o **Energia eólica:** A Índia ocupa o segundo lugar na Ásia em termos de capacidade eólica, com 35 GW instalados. O crescimento contínuo da energia eólica faz parte da estratégia de energias renováveis da Índia.
   - o **Energia hidroelétrica:** A utilização do potencial hidroelétrico continua a ser uma prioridade, embora o seu crescimento tenha sido mais lento do que o da energia solar e eólica devido a considerações ambientais.
2. **Energia nuclear:**
   - o A Índia pretende aumentar a contribuição da energia nuclear para a sua produção de eletricidade de 4,2% para 9% no prazo de 25 anos. Este objetivo inclui a construção de novos reactores e a expansão da capacidade nuclear.
3. **Medidas de eficiência energética:**
   - o Promover tecnologias e práticas energeticamente eficientes em todos os sectores industriais, domésticos e dos transportes para reduzir a intensidade energética e melhorar a sustentabilidade.
4. **Quadro de políticas:**
   - o As políticas e iniciativas governamentais, como a Missão Nacional Solar e a promoção de aparelhos energeticamente eficientes através de normas e programas de rotulagem, são fundamentais para impulsionar a

transição para fontes de energia mais limpas e sustentáveis.

Fontes de energia renováveis e não renováveis

Com base na utilidade contínua, os recursos naturais podem ser classificados em dois tipos:

Fontes de energia renováveis: Estes recursos podem ser gerados continuamente e são inesgotáveis. Estão disponíveis em abundância e são as fontes de energia mais limpas disponíveis no planeta. São exemplos a madeira, a energia solar, a energia eólica, a energia hidroelétrica, a energia das marés, a energia geotérmica, a floresta, etc. Têm baixas emissões de carbono; por conseguinte, são consideradas ecológicas e amigas do ambiente.

Fontes de energia não renováveis: São recursos naturais que, uma vez esgotados, não podem ser regenerados. Não podem ser utilizadas de novo. Não são amigas do ambiente e podem ter efeitos graves na nossa saúde. Ex: Carvão, petróleo, gás natural e combustíveis nucleares. As fontes não renováveis libertam gases tóxicos no ar quando queimadas, que são a principal causa do aquecimento global.

<u>Os pontos de diferença entre recursos renováveis e não renováveis são, nomeadamente</u>

Recursos renováveis	Recursos não renováveis
Inesgotável por natureza	Natureza esgotável
As emissões de carbono são muito baixas	As emissões de carbono são muito elevadas
De carácter sustentável	Natureza não sustentável
Presente em quantidade ilimitada	Presente em quantidade limitada

Fontes de energia alternativas

As fontes de energia que não são utilizadas popularmente e são amigas do ambiente são designadas por fontes de energia alternativas. Causam pouca ou nenhuma poluição. Ajudam-nos a manter o equilíbrio da natureza sem causar muitos danos em comparação com as fontes de energia convencionais. As fontes de energia alternativas ou renováveis são muito promissoras para nos ajudar a reduzir a quantidade de toxinas que são produtos secundários da utilização de energia e ajudam a preservar muitos dos recursos naturais que utilizamos atualmente como fontes de energia. Estão disponíveis gratuitamente e são limpas e ecológicas.

Os danos que causámos à Terra devido à industrialização são enormes e, se quisermos manter o planeta sustentável para a nossa geração futura, a utilização de fontes de energia alternativas é muito importante. Exemplos de fontes de energia alternativas incluem a *energia eólica, a energia solar, a energia geotérmica, a energia hidroelétrica, a biomassa, a energia das marés, etc.*

(a) Energia eólica

É uma fonte de energia eficaz em zonas onde a velocidade do fluxo de vento é elevada. A energia eólica aproveita a força do vento para impulsionar as pás das turbinas eólicas. A rotação das pás da turbina é convertida em corrente eléctrica por meio de um gerador elétrico. As torres eólicas são construídas em conjunto em parques eólicos. Podem também ser construídas ao largo da costa.

Vantagens	Desvantagens
Forma de energia limpa	A energia eólica é intermitente
Fonte de energia renovável	O vento contínuo é necessário para a produção de eletricidade
A fonte de energia é gratuita	Necessidade de grandes parques eólicos (efeito negativo na paisagem)

(ii) Energia solar

É uma das fontes de energia alternativas mais prometedoras que a Terra recebe do sol. A produção de energia solar é feita através de uma série de células fotovoltaicas onde os raios solares são convertidos em eletricidade. A energia solar é também utilizada habitualmente para aquecimento, para cozinhar e para a dessalinização da água do mar.

Vantagens	Desvantagens
Forma limpa de energia (sem produtos derivados)	As centrais de energia solar são bastante caras
Fonte de energia renovável	A produção de energia ocorre apenas quando o sol brilha
A fonte de energia é gratuita	A noite e os dias nublados limitam a produção de energia

(iii) Energia geotérmica

Geotérmica significa literalmente "calor da terra". A energia geotérmica aproveita a energia térmica presente no subsolo da Terra. As rochas quentes sob o solo aquecem a água para produzir vapor. Quando são feitos furos na região, o vapor que sai é purificado e utilizado para acionar turbinas, que alimentam geradores eléctricos.

Vantagens	Desvantagens
Forma de energia limpa	Se construído incorretamente, produz poluição.
Fonte de energia renovável	A perfuração inadequada da terra liberta minerais e gases perigosos
Menor efeito na paisagem	Adequado apenas a uma determinada região, custo de instalação elevado e as zonas geotérmicas são propensas a tremores de terra e vulcões.

(iv) Energia hidroelétrica

A energia hidroelétrica é o maior produtor de energia alternativa do mundo. As centrais hidroeléctricas captam a energia cinética da água em movimento para fornecer energia mecânica às turbinas. As turbinas em movimento convertem a energia mecânica em eletricidade através de geradores.

Vantagens	Desvantagens
Forma de energia limpa	A construção de barragens é muito dispendiosa
Fonte de energia renovável	Efeitos adversos para os organismos aquáticos
A água pode ser reutilizada e a eletricidade pode ser gerada constantemente	Efeito negativo na paisagem

Outra forma de energia hidroelétrica é a energia das marés, em que a subida e a descida das marés são captadas por geradores de energia das marés que fazem funcionar turbinas. O movimento das turbinas é responsável pela produção de eletricidade.

A principal vantagem da energia das marés é o facto de ser totalmente renovável e mais previsível do que a energia das ondas.

(v) Energia do hidrogénio

O hidrogénio é um combustível limpo e um vetor energético que pode ser utilizado numa vasta gama de aplicações como possível substituto dos combustíveis líquidos e fósseis. Tem um enorme potencial e pode ser utilizado para alimentar casas, veículos e foguetões espaciais. A NASA utiliza hidrogénio líquido nos vaivéns espaciais desde a década de 1970. Uma célula de combustível combina hidrogénio e oxigénio para produzir eletricidade, calor e água. As pilhas de combustível são frequentemente comparadas a baterias. Ambas convertem a energia produzida por uma reação química em energia eléctrica utilizável.

Vantagens	Desvantagens
Forma de energia limpa	Caro
Fonte de energia renovável e forma mais eficiente de energia	Dificuldade no manuseamento, armazenamento e transporte do hidrogénio
Utilizado para alimentar naves espaciais	Baixa disponibilidade em estado puro

Estudo de caso

O aeroporto internacional de Kochi torna-se o primeiro aeroporto do mundo a funcionar totalmente com energia solar

O aeroporto internacional de Cochin escreveu mais um capítulo na
história   da   aviação
ao   tornar-se   o   primeiro   aeroporto   do   mundo   a

funcionar
totalmente
com energia solar. O projeto de energia solar CIAL é uma
central   eléctrica
de   40
megawatts construída no aeroporto de Cochim, na Índia.
Atualmente,
a   central   de   energia   solar   do   aeroporto
de   Cochin
está a produzir 50 000 a 60 000 unidades de
eletricidade por dia para serem consumidas em todas as suas
funções   operacionais,
o que tecnicamente torna o aeroporto absolutamente neutro em
termos   de   energia.   Esta
central produzirá 18 milhões de unidades de energia a partir do
"sol"   anualmente   -   a
energia equivalente a alimentar 10 000 casas durante um ano.
Durante   os   próximos   25
anos, este projeto de energia verde evitará as emissões de dióxido
de carbono das centrais eléctricas alimentadas a carvão em mais
de 3 lakh toneladas métricas, o que equivale a plantar 3 milhões
de árvores ou a não conduzir 750 milhas. Inspirada pelo sucesso
da central acima referida, a CIAL decidiu instalar uma central
solar fotovoltaica de maior escala, com 12 MW, como parte das
suas iniciativas ecológicas. Esta foi instalada numa área de 45
acres perto do complexo internacional de carga.

CAPÍTULO 6: RECURSOS TERRESTRES

A terra como um recurso

O termo "ambiente" inclui todos os recursos físicos e sociais. Inclui todos os recursos como os rios, os oceanos, o solo, as florestas, os animais, etc. A terra é uma dádiva gratuita da natureza. O progresso e a prosperidade de qualquer país dependem em grande medida da sua natureza geográfica. Os recursos naturais provêm do ambiente. Um recurso natural é frequentemente caracterizado pela quantidade de biodiversidade existente em vários ecossistemas.

Os recursos fundiários são os recursos disponíveis na terra. Ninguém pode negar a importância da terra e da dotação de recursos naturais como factores do processo de crescimento. A qualidade da terra pode afetar significativamente o nível de produtividade agrícola no desenvolvimento económico.

Os terrenos podem ser divididos em terrenos urbanos, terrenos rurais, terrenos florestais e fundos marinhos. O homem precisa de terra para construir casas, para fins agrícolas, para manter pastagens para animais domésticos e para desenvolver indústrias. Se a terra for cuidadosamente utilizada, pode ser considerada um recurso renovável.

A terra é também convertida num recurso não renovável quando nela são despejados resíduos industriais e nucleares altamente tóxicos. O homem precisa de preservar os nossos prados, zonas húmidas, áreas selvagens nas florestas, montanhas, etc., para proteger a nossa biodiversidade de valor vital. Uma utilização racional do solo exige um planeamento cuidadoso. A utilização do solo pode ser definida como as actividades do homem no solo que estão diretamente relacionadas com o mesmo.

Degradação dos solos

A degradação do solo ocorre quando a utilização do solo excede a capacidade de carga de um sistema. Trata-se de um processo em que o valor do ambiente biofísico é afetado por uma combinação de processos induzidos pelo homem que actuam sobre a terra. Houghton e Charman definem a degradação das terras como "a degradação dos solos e a deterioração da paisagem e da vegetação naturais". *A degradação induzida pelo homem inclui os efeitos adversos do sobrepastoreio, da erosão, da urbanização, da eliminação de resíduos industriais, da construção de estradas, do declínio das comunidades vegetais e da poluição do ar, com os seus efeitos na terra.*

Durante as últimas décadas, tem-se registado uma enorme pressão sobre as terras na Índia devido ao aumento da população. Com o crescimento dos centros urbanos e a expansão industrial, as terras agrícolas e as florestas estão a diminuir.

De acordo com estudos efectuados, a erosão hídrica e a erosão eólica são as duas principais causas da degradação dos solos. Em conjunto, são responsáveis por cerca de 84% da extensão global de terras degradadas. E a erosão excessiva é atualmente um dos problemas ambientais mais significativos a nível mundial.

Efeitos

1) Deterioração da textura do solo
2) Perda de fertilidade do solo
3) Aumento dos problemas de alagamento, salinidade e acidez
4) Afecta o nível social, económico e de biodiversidade

Deslizamentos de terras provocados pelo homem

O movimento súbito do solo e a descida de material rochoso intemperizado devido à força da gravidade são designados por deslizamento de terras. *Durante a construção de estradas e as actividades mineiras, grandes porções de regiões montanhosas são cortadas e atiradas para as zonas adjacentes e para os cursos de água. Quando os rios estão a transbordar, aumentam consideravelmente os deslizamentos de terras. Estas massas de terra enfraquecem as já delicadas encostas das montanhas, dando origem a deslizamentos de terras provocados pelo homem.* O resultado é a perda de habitat e de biodiversidade, a perda de infra-estruturas e, consequentemente, perdas económicas. *As actividades induzidas pelo homem, como a desflorestação em zonas montanhosas, a extração excessiva de minérios em zonas montanhosas, a construção de barragens, a construção de estradas e outras infra-estruturas, são também responsáveis pelos deslizamentos de terras induzidos pelo homem.*

Erosão do solo e desertificação

A erosão do solo é um processo natural que afecta todas as formas de relevo. *É a remoção da camada fértil superior do solo.* Por outras palavras, é a deslocação da camada superior do solo. A erosão do solo pela *água e pelo vento* é a forma mais comum e extensa de erosão do solo. A perda de solo das terras agrícolas pode refletir-se na *redução da produção agrícola,* na *diminuição da qualidade das águas superficiais e* na *danificação das redes de drenagem.* **A agricultura intensiva, a desflorestação e as alterações climáticas** são os factores mais importantes responsáveis pela erosão do solo.

A desertificação é um tipo de degradação do solo em que uma *área* relativamente *seca se torna cada vez mais árida, perdendo normalmente as suas massas de água, bem como a vegetação e a vida selvagem.* É causada pelas *alterações climáticas e* pela *erosão dos solos.* Quando os desertos surgem automaticamente no decurso natural do ciclo de vida da Terra, podem ser considerados um fenómeno natural. A desertificação é um problema ecológico e ambiental significativo a nível mundial. A Conferência das Nações Unidas sobre a Desertificação definiu-a como *"a destruição do potencial biológico da terra e pode conduzir, em última análise, a condições semelhantes às do deserto".*

As principais causas da desertificação são a *má gestão das florestas, o sobrepastoreio, a extração mineira e a exploração de pedreiras*. O aumento da taxa de desertificação constituirá uma ameaça para a segurança alimentar.

PAPEL DE UM INDIVÍDUO NA CONSERVAÇÃO DOS RECURSOS NATURAIS

A gestão dos recursos pode ser definida como *"a conservação dos recursos naturais através de práticas técnicas e de gestão com vista a satisfazer as necessidades utilitárias do homem nas condições socioeconómicas existentes"*.

O homem tem explorado excessivamente a natureza à custa do ambiente. A continuação das práticas actuais conduzirá a um fosso enorme e insustentável entre a oferta e a procura mundiais de recursos naturais.

O que podemos fazer?

A sensibilização e a participação do público são altamente eficazes para melhorar as condições ambientais.

- A realização de programas de educação relacionados com a gestão e a sensibilização ambientais pode contribuir muito para o controlo da degradação ambiental. A educação e a participação do público podem alterar e melhorar a qualidade do ambiente. Segundo a UNESCO, "a educação ambiental é uma forma de concretizar os objectivos de proteção do ambiente".
- A construção de uma sociedade sustentável exige a participação dos governos, das empresas e dos indivíduos. Os objectivos do desenvolvimento sustentável não podem ser alcançados sem o apoio e as acções dos indivíduos. Os cidadãos são parte integrante do sistema económico, enquanto consumidores de bens e serviços, e são também vitais para a adoção de práticas sustentáveis.

- Ao tornarem-se consumidores/indivíduos conscientes (comprando produtos ecológicos, comprando o que precisam, etc.) podem ajudar a estimular a transição para a sustentabilidade. A transição para uma sociedade sustentável exige a participação dos seres humanos.
- Os cidadãos podem tomar medidas para promover um futuro sustentável (conduzir veículos eficientes em termos de consumo de combustível, partilhar o automóvel, andar de bicicleta, andar a pé ou utilizar os transportes públicos, etc., todos estes factores contribuem significativamente).
- Fazer reciclagem.

UTILIZAÇÃO EQUITATIVA DOS RECURSOS PARA ESTILOS DE VIDA SUSTENTÁVEIS

As estratégias de desenvolvimento e crescimento económico incentivam a rápida acumulação de capital físico e humano, mas à custa do esgotamento excessivo e da degradação dos recursos naturais e dos ecossistemas. O esgotamento dos recursos mundiais em prol do desenvolvimento e do crescimento tem tido impactos prejudiciais no bem-estar das gerações actuais e resulta em desafios para o futuro. *A equidade é suposto ser um princípio ético central do desenvolvimento sustentável.* Significa que *deve haver um nível mínimo de rendimento e de qualidade ambiental abaixo do qual ninguém pode ficar.* É geralmente aceite que a equidade implica a necessidade de justiça (não necessariamente igualdade) na distribuição de ganhos e perdas e o direito de todos a uma qualidade e um nível de vida aceitáveis.

As desigualdades ambientais já existem em todas as sociedades. Existe uma grande divisão no mundo entre o Norte e o Sul, os países mais desenvolvidos (MDC'S) e os países menos desenvolvidos (LDC'S), os que têm e os que não têm. Os PMD têm apenas 22% da população mundial, mas utilizam 88% dos seus recursos naturais, 73% da sua energia e comandam 85% do seu rendimento. Para alcançar um desenvolvimento sustentável, é desejável conseguir uma distribuição mais equilibrada e equitativa dos recursos e dos rendimentos mundiais, a fim de satisfazer as necessidades básicas de todos. A redução da utilização insustentável e desigual dos recursos e o controlo do crescimento demográfico são essenciais para a sobrevivência da nossa nação. Uma partilha mais justa dos recursos reduzirá o fosso entre ricos e pobres e conduzirá a um desenvolvimento sustentável para todos.

CAPÍTULO: 7 ECOSSISTEMA: CONCEITO, ESTRUTURA E FUNÇÕES

Um ecossistema é um conjunto de vida e ambiente que ocorre naturalmente. A vida é referida à comunidade biótica, incluindo as plantas, os animais e outros organismos vivos. O ambiente é o biótopo que engloba a região física da vida. O termo ecossistema apareceu pela primeira vez numa publicação do ecologista britânico Arthur Tansley, em 1935. Um ecossistema pode ter dimensões muito diferentes. Tanto pode ser uma floresta inteira, como um pequeno lago. O ecossistema é um sistema aberto. Recebe energia de uma fonte externa (o sol), como entrada, fixa e utiliza a energia e, por fim, dissipa o calor no espaço como saída.

Macro-ecossistema:- Dependendo da sua existência e dimensão, os ecossistemas são classificados em Macro-ecossistemas e Micro-ecossistemas. Os sistemas de maior dimensão, como uma floresta ou um lago, são designados por macro-ecossistemas.

Micro-ecossistema:- Os cientistas da vida e os biólogos ambientais interessados em avaliar os mecanismos funcionais de um ecossistema podem criar uma instalação experimental no terreno ou no laboratório. Estas instalações são consideradas microecossistemas. Consoante a sua matriz de investigação, pode tratar-se de um microecossistema terrestre ou de um microecossistema aquático.

<u>Estrutura do ecossistema</u>

1. Componentes bióticos: Este grupo inclui todos os animais, plantas, bactérias, fungos e os seus produtos residuais, como folhas ou ramos caídos ou excrementos.

<u>Com base na sua atividade, os componentes bióticos são classificados em quatro categorias</u>

a) Produtores   b)   Consumidores   c)   Transformadores   e   d) Decompositores.

<u>PRODUTORES:</u> Os produtores são chamados transdutores de energia. Convertem a energia solar em energia química, com a ajuda de substâncias orgânicas e inorgânicas. Os produtores são chamados organismos autotróficos (auto = auto; trofo = nutrir-se). São capazes de sintetizar alimentos a partir de compostos inorgânicos não vivos. São largamente representados pelas plantas verdes na terra (árvores, gramíneas, culturas) e pelo fitoplâncton na água.

<u>CONSUMIDORES :</u> Os consumidores são os organismos cujas necessidades alimentares são satisfeitas através da alimentação de outros organismos. Eles consomem os materiais alimentares preparados pelos produtores (autótrofos). Por isso, os consumidores são designados por organismos heterotróficos. Em função dos seus hábitos alimentares, os consumidores são classificados em *consumidores primários, secundários e terciários*.

<u>Consumidores primários</u>:- Alimentam-se exclusivamente de plantas. Os herbívoros alimentam-se de plantas - o gafanhoto, o coelho, a cabra e a ovelha são consumidores primários.

<u>Consumidores secundários</u>:- Alimentam-se de alguns consumidores primários. Carnívoros - são comedores de carne. Por exemplo: falcões, tigres e leões. Omnívoros (Biófagos) - comem tanto vegetais como carne (baratas, raposas, humanos). Os consumidores secundários são aqueles que predam os consumidores primários. Por exemplo, várias espécies de insectos e peixes.

<u>Consumidores terciários</u>:- são os predadores dos predadores. São maioritariamente animais de maior porte.

Transformadores:- Os transformadores são certos tipos de bactérias. Atacam os materiais excretados por outros organismos vivos (mesmo plantas e animais mortos). Transformam-nos em substâncias orgânicas ou inorgânicas. Estas substâncias são adequadas para a nutrição das plantas verdes. As bactérias transformadoras ajudam a reciclar os nutrientes que já foram deitados fora.

<u>Decompositores:-</u> São também chamados de microconsumidores. Dependem da matéria orgânica morta para a sua alimentação. São principalmente microorganismos como bactérias e fungos. Eles quebram a matéria orgânica complexa encontrada nos corpos de plantas e animais e libertam substâncias simples. Estas substâncias serão novamente utilizadas pelos autótrofos. Alguns animais invertebrados, como os protozoários e as minhocas, utilizam a matéria orgânica morta como alimento. São designados por decompositores secundários.

<u>Com base na sua atividade, os componentes abióticos são classificados em quatro categorias</u>

Os componentes abióticos são os componentes não vivos do ecossistema.

São de três categorias

1. Factores climáticos e físicos - ar, água, solo e luz solar; precipitação, temperatura, humidade, textura do solo e condições geomórficas.

2. Substâncias inorgânicas - Existem vários elementos e compostos nutrientes, como o carbono, o azoto, o enxofre, o fósforo, o dióxido de carbono, a água, etc. Estes estão envolvidos no ciclo de materiais nos ecossistemas.

3. Compostos orgânicos - São as proteínas, os hidratos de carbono, os lípidos, as substâncias húmicas, etc. Formam em grande parte o corpo vivo e ligam os compostos abióticos aos factores bióticos. Os factores abióticos determinam o tipo de organismos que podem viver com sucesso numa determinada área.

   Alguns dos principais factores não vivos de um ecossistema são:

a) Luz solar b) Água c) Temperatura d) Oxigénio e) Solo f) Ar

a) *Luz solar:-* É necessária para a fotossíntese; influencia os organismos e o seu ambiente; tem um efeito profundo no crescimento e desenvolvimento da vida.

b) *Água:-* Todos os seres vivos necessitam de água para a sua sobrevivência, mas alguns podem viver com quantidades menores.

c) *Temperatura:-* Todos os seres vivos têm uma gama de temperaturas em que podem sobreviver; para além desses limites, é-lhes difícil viver.

d) *Oxigénio:-* muitos seres vivos necessitam de oxigénio; é necessário para a respiração celular, um processo utilizado para obter energia a partir dos alimentos; outros são realmente mortos pela presença de oxigénio (certas bactérias).

e) *Solo:* - O tipo de solo, o pH, a quantidade de água que contém, os nutrientes disponíveis, etc. determinam o tipo de organismo que pode viver com sucesso no solo ou sobre o solo; por exemplo, os cactos vivem na areia, as taboas no solo saturado de água. As substâncias inorgânicas, como os nitratos, carbonatos e fosfatos, encontram-se em liberdade ou sob a forma de compostos dissolvidos na água e no solo. Algumas delas são recicladas por microrganismos nos cadáveres de plantas e animais.

FUNÇÕES DE UM ECOSSISTEMA: Um sistema é uma organização que funciona de acordo com um determinado método.

As funções de um ecossistema incluem:- 1) Fluxo de energia através dos organismos vivos e das suas actividades

2) Cadeias alimentares

3) Biodiversidade e biomassa

4) Circulação e transformação de elementos e nutrientes

5) Desenvolvimento e evolução

6) Controlo.

A energia é também consumida pelos autótrofos a nível celular para as reacções relacionadas com 1. o crescimento 2. o desenvolvimento 3. a manutenção e 5 4. a reprodução.

Os processos funcionais específicos de um ecossistema incluem a) fotossíntese, b) decomposição, c) relações predador-presa (herbivoria, carnivoria, parasitismo e d) simbiose. Direta ou indiretamente, o conceito funcional do ecossistema é útil na gestão dos recursos renováveis, como as florestas, as bacias hidrográficas, as pescas, a vida selvagem e as culturas e os animais agrícolas.

O PROCESSO INTERNO A fotossíntese e a respiração são os dois principais processos envolvidos na produção e transformação de energia. A taxa de fotossíntese aumenta com o aumento da temperatura. Muitos outros factores influenciam o processo de fotossíntese. No entanto, está envolvida 1) no consumo de energia radiante e de CO_2

1) Libertação de oxigénio. A respiração está envolvida na absorção de oxigénio e na libertação de CO_2 e de energia. Na ausência de luz, a fotossíntese é interrompida, mas a respiração continua. Na presença de luz, a fotossíntese e a respiração trabalham em conjunto. A síntese total de matéria orgânica resultante da exposição à luz pode dar a Produção Primária Bruta. A quantidade de matéria orgânica armazenada após o gasto (em termos de respiração) é chamada de Produção Primária Líquida. Assim, a Produção Primária é a quantidade de carbono orgânico e a Produtividade Primária é a taxa de produção. A produtividade primária líquida é também designada por fotossíntese aparente ou assimilação líquida. O grão, a palha, os caules, as raízes, etc., colhidos num arrozal (após uma estação de crescimento) constituem a produção primária líquida. É sabido que os animais não são capazes de sintetizar os seus alimentos. Por isso, têm de depender de outras plantas e animais para se alimentarem.

Há dois processos biológicos envolvidos na vida animal. 1. Metabolismo e 2. Crescimento. O metabolismo e o crescimento são processos biológicos que requerem energia que é obtida através da ingestão de alimentos. O alimento, que excede as necessidades metabólicas, é utilizado para produzir tecido animal. Este processo é conhecido como produção secundária. É estimada através da medição do aumento de peso ou tamanho dos animais durante um período de tempo. Assim, a produtividade secundária é a quantidade de nova matéria orgânica armazenada pelos consumidores ou heterótrofos. É uma função da quantidade de produção primária num ecossistema. A quantidade total de matéria orgânica presente num determinado momento num ecossistema é designada por biomassa. A vida nos ecossistemas necessita de um fornecimento contínuo de energia para a sua sobrevivência. Quase toda a energia disponível para nós na Terra vem do sol. A radiação produz calor e luz. O calor desigual faz com que o vento sopre. A radiação evapora a água no ar e as moléculas evaporadas regressam sob a forma de chuva. As plantas são fundamentais para toda a vida na Terra. Com efeito, as plantas têm a capacidade de captar a energia solar que incide sobre elas e de a utilizar para construir tecidos vivos. Este processo chama-se fotossíntese. Durante este processo, as moléculas inorgânicas pobres em energia (CO_2 e água) são convertidas em moléculas orgânicas ricas em alimento (açúcares). Desta forma, as plantas não precisam de depender de outros organismos. Por isso, são tratadas como autotróficas ou autónomas. Os animais não podem utilizar o sol desta forma. Por isso, dependem, direta (ou) indiretamente, das plantas para se alimentarem. Por isso, os animais são tratados como outros seres que se alimentam ou heterótrofos. A energia utilizada durante a fotossíntese pelas plantas não se perde. O açúcar é um produto da fotossíntese. Este açúcar contém energia química armazenada e pode ser queimado para produzir calor. Neste processo, o CO_2 e a água são libertados como subprodutos. O açúcar combina-se com o oxigénio no interior das células vivas e produz algum produto, a um ritmo lento. Este processo é designado por respiração. Este processo liberta a energia sob a forma de moléculas complexas para ser utilizada na manutenção das funções celulares. As plantas realizam tanto a fotossíntese como a respiração. Os animais não podem produzir o seu próprio alimento. Têm de comer outros organismos para obter as moléculas ricas em energia necessárias à sua sobrevivência. Por conseguinte, são os principais consumidores. Os animais são tecnicamente designados por heterótrofos (que se alimentam de outros organismos). Destruição do habitat: Uma floresta é um mundo vivo para organismos e plantas. Devido a alguns acontecimentos, pode ocorrer uma mudança na configuração que acabará por afetar o ecossistema. Por exemplo, o corte das árvores numa floresta é considerado uma destruição do habitat: Esta atividade a) destrói as casas de alguns animais, b) aumenta a quantidade de luz que chega ao solo da floresta, c) reduz a quantidade de alimentos para os organismos que dependem dessas árvores, d) reduz a quantidade de dióxido de carbono retirado do ar e o oxigénio nele libertado. Como resultado desta destruição do habitat, alguns organismos podem tornar-se ameaçados, em perigo e, eventualmente, extintos. Por conseguinte, é necessário preservar os ecossistemas.

1) **Ecossistema florestal:** As florestas são recursos naturais renováveis. As florestas são formadas por um grupo de plantas que são estruturalmente definidas pelas suas árvores, arbustos, ervas, trepadeiras e cobertura do solo. O solo, os animais, os insectos, os microorganismos e as aves são as unidades de interação mais importantes de um ecossistema florestal. Na Índia, as florestas ocupam cerca de 18-20% da superfície terrestre total.

   Os componentes abióticos da floresta incluem os componentes inorgânicos e orgânicos presentes no solo, bem como a temperatura, a precipitação, a luz, etc.

   Os componentes bióticos são representados por produtores, consumidores e decompositores.

Existem alguns tipos de ecossistemas florestais que são enumerados a seguir:

1. **Floresta tropical de folha perene:** Apenas uma pequena percentagem das florestas tropicais são florestas húmidas onde a precipitação média é de 80-400 polegadas num ano. Esta floresta caracteriza-se por uma vegetação profunda e densa, constituída por árvores altas que atingem diferentes níveis.

2. **Floresta tropical decídua:** A principal caraterística da floresta tropical decídua é a existência de árvores de folha larga, juntamente com arbustos densos, arbustos, etc.

As duas estações principais - verão e inverno - são claramente visíveis. Este tipo de floresta encontra-se em muitas partes do mundo. A flora e a fauna são muito variadas.

3. **Floresta perenifólia temperada:** A floresta perenifólia temperada é um tipo de floresta que se caracteriza por um menor número de árvores, mas um número adequado de fetos e musgos.

4. **Floresta decídua temperada:** A floresta decídua temperada desenvolve-se na região temperada húmida com precipitação suficiente. Também aqui, o inverno e o verão são bem definidos e as árvores perdem as folhas durante o inverno. As árvores dominantes são o ácer, o carvalho, o pessegueiro, etc.

5. **Taiga/Boreal:** Situada a sul da Tundra, a Taiga caracteriza-se por coníferas de folha perene. A temperatura média é inferior ao ponto de congelação durante quase metade do ano.

Componentes do ecossistema florestal

1. **Produtores:** Os produtores podem sintetizar os seus próprios alimentos através do processo de fotossíntese. Todas as plantas verdes são consideradas produtoras do ecossistema, uma vez que convertem a luz solar na energia química dos alimentos.

2. **Consumidores primários:** Uma vez que os consumidores não podem preparar os seus próprios alimentos, dependem dos produtores. Os animais herbívoros obtêm o seu alimento comendo diretamente os produtores (plantas). Exemplos de consumidores primários são os gafanhotos, os veados, etc.

3. **Consumidores secundários:** Os consumidores secundários obtêm os seus alimentos dos consumidores primários.

4. **Decompositores:** Os decompositores do ecossistema florestal decompõem plantas e animais mortos, devolvendo os nutrientes ao solo para que possam ser utilizados pelos produtores. Para além das bactérias, as formigas e as térmitas são decompositores importantes na floresta amazónica. As centopeias e as minhocas também ajudam a decompor a matéria morta.

5. **Ciclo dos nutrientes:** O ciclo dos nutrientes é cíclico. Para o bom funcionamento dos ecossistemas, são necessários nutrientes. O carbono, o hidrogénio, o oxigénio e o azoto constituem cerca de 95% da massa dos organismos vivos. Cerca de 15 a 20 outros elementos são também necessários em quantidades relativamente pequenas. Estes são reciclados repetidamente entre os componentes vivos e não vivos do ecossistema.

6. **Fluxo de energia:** Num ecossistema florestal, a erva, que se alimenta do sol, do solo e da água, é comida pelo gafanhoto, que por sua vez é comido sucessivamente por sapos, cobras e abutres (diferentes níveis tróficos). Neste processo de comer e ser comido, os nutrientes são passados de um passo para o seguinte numa cadeia alimentar. O fluxo de energia que ocorre ao longo de uma cadeia alimentar é designado por fluxo de energia. A pirâmide de energia representa a quantidade total de energia em cada nível trófico de uma cadeia alimentar. O fluxo de energia é sempre unidirecional.

Caraterísticas do ecossistema florestal

1. As temperaturas amenas e a pluviosidade suficiente são caraterísticas das florestas, o que leva à formação de numerosas lagoas, lagos, etc.
2. A floresta mantém o clima e a pluviosidade
3. A floresta suporta muitos animais selvagens e protege a biodiversidade.
4. O solo é rico em matéria orgânica e nutrientes, que favorecem o crescimento das árvores.

Funções do ecossistema florestal

1. **Produtos obtidos das florestas:** Existem vários tipos de produtos alimentares, como o mel, a carne selvagem, os frutos, os cogumelos, o óleo de palma e o vinho, e as plantas medicinais, obtidos a partir das florestas. Para além das partes comestíveis, podemos obter madeira, biomassa de madeira, cortiça, etc. das florestas. O combustível pode ser extraído de árvores velhas que estão enterradas no solo.
2. **Funções ecológicas:** As florestas desempenham um papel importante na manutenção de factores ecológicos como o clima, o armazenamento de carbono, o ciclo de nutrientes e a precipitação.
3. **Cultura e benefícios sociais:** Os povos tribais que vivem nas florestas tratam-nas como deusas da natureza. As crenças tradicionais e a espiritualidade salvam os animais selvagens dos caçadores e do abate de árvores pelas populações urbanas. Algumas pessoas modernas visitam as florestas para se divertirem.

Ecossistema **de** pastagem:- Ecossistema de pastagem refere-se a uma área onde a vegetação é dominada por gramíneas e outras herbáceas, também conhecidas como plantas não lenhosas. São dominados por gramíneas com poucas ou nenhumas árvores na área onde é necessário haver mais floresta e mais floresta. Por isso, também é conhecida como uma paisagem de transição. Os prados ocupam cerca de 20% da terra à superfície da Terra. Ocorrem tanto em zonas tropicais como temperadas, onde a precipitação é insuficiente para sustentar o crescimento das árvores.

Existem duas componentes estruturais do ecossistema dos prados:
1. Biótico
2. Componentes abióticos

Componentes bióticos:- O ecossistema dos prados inclui produtores, consumidores primários, consumidores secundários, consumidores terciários e decompositores em pormenor. Vamos discutir cada componente biótico em pormenor.

a) Produtores - Os produtores são algumas plantas herbáceas e arbustos que também contribuem para a produção primária de biomassa nos prados.

b) Consumidores - Num ecossistema de pastagem, existem três tipos básicos de consumidores:

- o Consumidores primários - Os consumidores primários são definidos como herbívoros que consomem diretamente as gramíneas. Os principais consumidores são conhecidos como herbívoros, tais como os mamíferos herbívoros (por exemplo, vacas, ovelhas, veados, coelhos, búfalos, etc.), insectos (por exemplo, Dysdercus, Coccinella, Leptocorisa, etc.), térmitas e milípedes.

- o Consumidores secundários - São tipos de carnívoros que se alimentam de consumidores primários, também conhecidos como herbívoros. Alguns exemplos de carnívoros são as raposas, chacais, cobras, rãs, lagartos e aves que se alimentam de herbívoros.

- o Consumidores terciários - Os consumidores terciários incluem falcões e outros animais que se alimentam de consumidores secundários.

- o Decompositores - Estes incluem bactérias, bolores e fungos que causam a morte e a decomposição, por exemplo, Mucor, Penicillium, Aspergillus, Rhizopus, etc. Os decompositores devolvem os minerais ao solo, o que os torna novamente acessíveis aos agricultores.

Componentes abióticos:- Os componentes abióticos são o ecossistema das pastagens que inclui os nutrientes encontrados no solo e na atmosfera. Alguns dos elementos necessários às plantas são o hidrogénio, o oxigénio, o azoto, o fósforo e o enxofre. Estes componentes são fornecidos pelo solo e pelo ar sob a forma de CO_2, água, nitratos, fosfatos e sulfatos. Para além disso, o solo contém uma série de oligoelementos.

Classificação do ecossistema de pradaria:- Um ecossistema de pradaria constitui campos enormes cobertos de gramíneas, ervas e muito poucas árvores dispersas. Existem dois tipos principais de prados: os prados tropicais e os prados temperados.

1) Prados tropicais

o As pastagens tropicais encontram-se em ambos os lados do equador e estendem-se por todos os trópicos.
o Nestes tipos de prados, a planta cresce em locais com precipitação moderada a baixa.
o A erva presente nos prados tropicais pode atingir alturas de cerca de 3 a 4 metros.
o O solo dos prados tropicais carece de nutrientes adequados. Por conseguinte, é bastante pobre em termos de fertilidade.
o Os prados de savana são um exemplo de prados tropicais que se encontram em África. Alguns outros prados tropicais são os Campos no Brasil e os Llanos na Venezuela.
o Algumas das espécies de fauna comuns encontradas nas pradarias tropicais são as chitas, os elefantes, as zebras, as girafas, os veados e os leopardos.

2) Prados temperados:-

a) A precipitação dos prados temperados varia entre 25 cm e 75 cm. Além disso, é tanto dormente como ativo. A pirâmide de número no ecossistema de prados é vertical.

b) Estes prados também registam condições climatéricas adversas. Nas Pradarias Inundadas, durante o inverno, pode estar tão frio como $0°$ graus Fahrenheit.

c) As temperaturas no verão são elevadas, ultrapassando os 90 graus em algumas zonas.

d) O orvalho e a neve constituem a maior parte da precipitação que cai sobre estes prados.

e) Os prados temperados são perfeitos para a agricultura devido à sua elevada nutrição.

f) As gramíneas das pradarias temperadas são mais altas do que as das pradarias tropicais.

g) O ecossistema de pradarias temperadas é também conhecido por fornecer abrigo a uma grande variedade de animais selvagens.

h) Ecossistema de pradarias Exemplos de pradarias temperadas são os Pampas na Argentina, os Velds na África do Sul, as Estepes na Ásia, os Downs na Austrália e as Pradarias na América.

i) Alguns exemplos de pradarias temperadas são os cactos, os trevos de erva-de-búfalo, a artemísia, as gramíneas perenes e os índigos selvagens.

<u>Funções do ecossistema de pastagem:-Algumas</u> das principais funções do ecossistema de pastagem estão listadas abaixo.

o Apoio à biodiversidade: Os prados proporcionam habitats para diversas espécies de plantas e animais.

o Armazenamento de carbono: Armazenam quantidades significativas de carbono no solo e na vegetação.

o Filtragem da água: Os prados filtram e purificam a água, melhorando a sua qualidade.

- o Controlo da erosão: As raízes da relva ajudam a evitar a erosão do solo.
- o Ciclo de nutrientes: Desempenham um papel no ciclo de nutrientes essenciais.
- o Produção de forragem: Os prados são vitais para o pastoreio do gado.
- o Habitat para a vida selvagem: Oferecem habitats para várias espécies de vida selvagem.
- o Lazer: Os prados são utilizados para actividades recreativas como caminhadas e observação de aves.
- o Sequestro de carbono: Contribuem para a redução dos gases com efeito de estufa.
- o Importância cultural: Os prados têm uma importância cultural e histórica para muitas sociedades.

<u>A flora e a fauna presentes no ecossistema dos prados são abordadas a seguir.</u>

Flora do Ecossistema de Pastagem:-

- o Os prados são dominados por plantas silvestres.
- o As principais árvores dos prados semi-naturais são o carvalho, a bétula, a aveleira e o espinheiro.
- o As gramíneas altas encontram-se em África, na América do Sul e na América do Norte.
- o Alguns prados podem ser savanas, prados arbustivos ou prados semi-arborizados.
- o A erva é tão comum como as plantas com flor e as árvores em zonas com 500 a 900 mm de precipitação anual.
- o Os tapetes complexos feitos de gramíneas e forbes perenes estabilizam o solo.
- o Os prados de Hola podem ser encontrados no Sul da Índia em manchas nas encostas perto das florestas sempre verdes.

Fauna do ecossistema de pastagem

- A maior parte dos animais de grande porte do mundo vive nos prados.
- O rinoceronte de um chifre é um dos animais de pastagem ameaçados no nordeste da Índia.
- Outros animais das pradarias incluem o jaguar, o cão selvagem africano, o pronghorn, o furão de patas pretas, o bisonte das planícies, a tarambola da montanha, o elefante africano, o tigre de Sunda, o rinoceronte preto, o rinoceronte branco, o elefante da savana, o rinoceronte de um chifre só, o elefante indiano e a raposa rápida.
- Os prados da savana africana são o lar de predadores como os leões e as chitas.
- Os invertebrados vivem no solo profundo dos prados não perturbados.

Ecossistema do deserto: - O ecossistema é um espaço onde os componentes vivos e não vivos do ambiente vivem e coexistem. Por conseguinte, é uma unidade estrutural e funcional dentro da biosfera onde os factores abióticos e bióticos interagem através da cadeia alimentar, da teia alimentar e dos ciclos químicos. O ecossistema desértico é um dos principais tipos de ecossistema e é marcado pela baixa pluviosidade, menos de 25 cm de precipitação anual. A vegetação do deserto é maioritariamente constituída por suculentas adaptadas às condições quentes, húmidas e áridas do deserto. O ecossistema do deserto é marcado por condições climáticas extremamente secas, áridas e quentes e húmidas.

Caraterísticas do ecossistema do deserto

- Os habitats dos desertos encontram-se em zonas com menos de 25 cm de precipitação anual. Os desertos cobrem uma grande parte do território, representando cerca de 17% da superfície terrestre total. A flora e a fauna são pouco desenvolvidas devido às altas temperaturas, à luz intensa e à falta de água

- O clima dos desertos é modificado pela latitude e pela altitude (Altura). Os desertos são quentes perto do equador e dos trópicos e frios a grandes altitudes e a grandes distâncias do equador

- As temperaturas dos desertos quentes podem ultrapassar os 40°C, juntamente com a humidade, a secura e a aridez. Os complexos desérticos do Sara, da Arábia e de Gobi, que se estendem de África à Ásia Central, têm uma precipitação extremamente irregular e insignificante. Apresentam também baixos níveis de humidade devido à evaporação excessiva

- A ausência de aguaceiros na zona média deve-se regularmente à existência de zonas de alta pressão estáveis. Enquanto os desertos em zonas calmas se situam frequentemente em sombras de aguaceiros, ou seja, o local onde as montanhas altas impedem a humidade dos oceanos

- Vários desertos encontram-se a grande altitude, com temperaturas frias e precipitação escassa porque o ar perde a sua humidade à medida que sobe. Os desertos frios ocorrem no Tibete, na Bolívia, no Ártico e em Ladakh, nos Himalaias.

Existem diferentes tipos de ecossistemas desérticos e as condições climáticas variam consoante a localização do deserto.

- Os ecossistemas desérticos quentes e secos têm condições climatéricas secas e áridas com muito pouca precipitação. As condições são bastante duras e são comuns nos desertos da América Central, América do Norte, Sul da Ásia, África, etc

- O ecossistema semi-árido é quente e seco, com menos dunas, rochas duras com solo estável. No entanto, a temperatura não é muito extrema e recebe precipitação. Um exemplo é a Grande Bacia

- O ecossistema do deserto costeiro inclui exemplos como o deserto de Atacama ou o deserto da Namíbia. A condição é mais hospitaleira com menos flora e fauna, com nevoeiros de inverno comuns

- O ecossistema do deserto frio tem uma precipitação abundante durante os Invernos e os Invernos são bastante frios, mesmo com queda de neve. Os Verões são quentes, húmidos, curtos e geralmente cobertos de dunas de neve. Encontra-se na Gronelândia, na Antárctida, etc.

<u>Adaptações da Flora e da Fauna no Deserto</u>

A flora e a fauna estão adaptadas às condições climatéricas do deserto. As plantas do deserto mais populares são as plantas de folhas afiadas, as plantas espinhosas e as suculentas. Os compradores são normalmente insectos, répteis, aves, camelos e estão adaptados às condições xéricas.

As plantas do deserto, como as suculentas, os cactos de pera espinhosa, a mandioca, o cato de barril dourado, o arbusto frágil, o arbusto creosoto, etc., têm de lidar com calor e aridez extremos. Seguem-se as adaptações que as suas plantas utilizam para conservar a água:

- São sobretudo arbustos

- O tamanho das folhas é reduzido ou inexistente

- As folhas e os caules das plantas são suculentos e capazes de armazenar água, e os caules de algumas plantas também contêm clorofila para a fotossíntese

- O sistema radicular é bem desenvolvido e estende-se por uma vasta área

- As plantas anuais germinam, florescem e reproduzem-se apenas durante a breve estação das chuvas, e não durante o verão ou o inverno. Trata-se de uma adaptação às condições do deserto

As espécies animais (fauna), como o tatu, o coiote, o dingo, a gazela, o camelo, a víbora, etc., adaptaram-se fisiológica e comportamentalmente aos ambientes desérticos.

- Conservam a água através da excreção de urina concentrada

- São corredores rápidos que preferem ser noturnos para escapar ao calor do sol durante o dia. Os animais e as aves com patas compridas mantêm o corpo afastado da terra quente

- Os lagartos, por exemplo, os lagartos com chifres, as iguanas do deserto, etc., são frequentemente insectívoros e podem passar dias sem beber água

- Os animais herbívoros obtêm água suficiente das sementes que comem

- O camelo é um dos melhores exemplos e é utilizado como transportador no deserto porque pode percorrer longas distâncias sem beber água durante muitos dias

- Embora os mamíferos estejam mal adaptados aos desertos, várias espécies desenvolveram adaptações secundárias. Algumas espécies de roedores noturnos conseguem sobreviver no deserto sem água.

Ecossistema aquático:-

O Ecossistema Aquático é definido como um habitat aquático de um ecossistema **no qual todas as** espécies **vivas interagem com as propriedades físicas e químicas do ambiente.** O ecossistema aquático desempenha um papel importante no equilíbrio entre a atmosfera, a litosfera e a biosfera. Os oceanos, os lagos e os rios são exemplos de ecossistemas aquáticos. Além disso, o habitat ambiental é uma componente essencial deste tipo de ecossistema. A água desempenha um papel importante na vida de muitos organismos vivos que dependem da água para sustentar a sua alimentação, abrigo, reprodução e uma variedade de outras funções vitais.

Os diferentes tipos de ecossistemas são os seguintes:

Ecossistema de água doce

- Os ecossistemas de água doce cobrem apenas cerca de 1 por cento da superfície da Terra.
- Lagos, lagoas, rios e riachos, pântanos, pântanos, turfeiras e charcos efémeros são exemplos de água doce.
- Os ecossistemas de água doce dividem-se em três tipos: lóticos, lênticos, zonas húmidas e pântanos.

Os habitats lênticos são massas de água parada, como lagos, lagoas, charcos, turfeiras e outros reservatórios. As massas de água corrente, como rios e ribeiros, são representadas por ecossistemas lóticos. Vejamos estes ecossistemas em pormenor.

Ecossistemas lóticos

- Os ecossistemas lóticos referem-se principalmente a cursos de água de fluxo unidirecional e rápido, tais como rios e ribeiros.
- Nestes ambientes vivem várias espécies de **insectos**, como os escaravelhos, as libélulas e as moscas-das-pedras, bem como várias espécies de peixes, como a truta, a enguia e o peixinho.
- Estes **ecossistemas** incluem também mamíferos como os castores, os golfinhos de rio e as lontras, para além de espécies aquáticas.

Ecossistemas lênticos

- Abrangem todos os ecossistemas com água parada.
- Os principais exemplos do ecossistema lêntico são os lagos e as lagoas.
- O termo lêntico é utilizado para descrever a água que está parada ou relativamente imóvel.
- Algas, caranguejos, camarões, anfíbios como rãs e salamandras, plantas com raízes e folhas flutuantes e répteis como jacarés e outras cobras de água podem ser encontrados nestes habitats.

Zonas húmidas e pântanos

- Um pântano é uma área na **floresta** que está permanentemente cheia de água.
- Se não houver floresta à volta, então é designada por zona húmida.
- A água das zonas húmidas e dos pântanos pode ser água doce, água salobra ou água do mar.
- Os pântanos de água doce encontram-se sobretudo no interior, enquanto os pântanos de água salgada se encontram ao longo das zonas costeiras.
- Os níveis de água dos pântanos sofrem frequentemente flutuações devido à chuva e às cheias.
- Muitos animais terrestres, aquáticos e **anfíbios**, como crocodilos, jacarés, tartarugas, **peixes** e aves migratórias, habitam pântanos e zonas húmidas.
- Devido à urbanização excessiva, os pântanos e as zonas húmidas estão a sofrer **uma degradação** ambiental.

Ecossistema marinho

- O meio marinho cobre a maior parte da superfície **terrestre**.
- Os oceanos, os mares, a zona intertidal, os recifes, os fundos marinhos, os estuários, as fontes hidrotermais e as piscinas rochosas constituem dois terços da superfície da Terra.
- Os animais aquáticos não podem existir fora da água.
- As concentrações de sal são mais elevadas no habitat marinho, o que dificulta a sobrevivência das criaturas de água doce.
- Além disso, as espécies marinhas não conseguem sobreviver em água doce.
- Os seus corpos foram concebidos para sobreviver em **água salgada** e incham se forem colocados em água menos salgada (**osmose**).
- Podem ainda ser classificados como ecossistemas oceânicos, estuários, recifes de coral e ecossistemas costeiros.

Ecossistemas oceânicos

- Os oceanos Pacífico, Índico, Ártico e Atlântico são os cinco principais oceanos da Terra.
- Os oceanos Pacífico e Atlântico são os maiores e mais profundos destes cinco oceanos.
- Mais de cinco lakh espécies aquáticas chamam a estes oceanos a sua casa.
- Mariscos, tubarões, vermes tubulares, caranguejos, tartarugas, crustáceos, baleias azuis, répteis, mamíferos marinhos, gaivotas, plâncton, corais e outras plantas oceânicas são apenas alguns dos organismos que vivem nestes ambientes.

Estuários

- Os estuários são formas críticas de habitats naturais que se formam tipicamente onde o mar e os rios se encontram.
- É nesta região que se dá a transição da terra para o mar.
- Consequentemente, a água é mais salgada em comparação com os ecossistemas de água doce, mas mais diluída do que os ecossistemas marinhos.
- Os estuários têm uma grande importância económica, uma vez que são capazes de reter os nutrientes das plantas e gerar matéria orgânica de qualidade, em comparação com todos os outros ecossistemas terrestres.
- Atualmente, os estuários tornaram-se também locais de eleição para actividades recreativas e estudos científicos.
- Alguns exemplos são os pântanos de maré, as baías costeiras e a foz dos rios.

Recifes de coral

- Os recifes de coral são estruturas subaquáticas construídas a partir dos esqueletos de **vertebrados** marinhos, também chamados corais.
- Encontram-se na maior parte dos oceanos do mundo.

- Estes corais formam recifes denominados hermatípicos ou recifes duros, uma vez que libertam exoesqueletos duros de carbonato de cálcio que protegem a sua estrutura e suportam importantes funções vitais. As anémonas-do-mar são exemplos clássicos de recifes de corais duros. As outras espécies formam recifes moles que são organismos comparativamente flexíveis, como as plantas e as árvores. Os leques marinhos e os chicotes marinhos são algumas das variedades mais encontradas de recifes moles.
- As **condições ambientais** necessárias para a sobrevivência dos recifes de coral são águas quentes, pouco profundas, límpidas e móveis, com muita luz solar.
- A Grande Barreira de Coral, na Austrália, é o maior recife de coral do mundo, com um comprimento de aproximadamente 1500 milhas.

Sistemas Costeiros

- Os ecossistemas costeiros são constituídos por sistemas abertos de terra e água que estão ligados entre si.
- A estrutura e a diversidade dos habitats **marinhos** são diferentes.
- O fundo do ecossistema costeiro alberga uma grande diversidade de plantas aquáticas e espécies de algas.
- A **fauna** é constituída por caranguejos, peixes, insectos, lagostas, caracóis, camarões e outros animais.
- A maioria das espécies aquáticas são aerodinâmicas, o que as ajuda a poupar energia ao reduzir o atrito.
- Os **órgãos locomotores** e **respiratórios** são as barbatanas e as brânquias, respetivamente.
- As espécies de água doce têm adaptações especiais que as ajudam a drenar o excesso de água dos seus corpos.
- As plantas aquáticas têm uma variedade de raízes que ajudam à sua sobrevivência na água.

- Algumas plantas, como os jacintos de água, têm raízes submersas, enquanto outras têm raízes emergentes ou são flutuantes.

<u>Caraterísticas do ecossistema aquático</u>:- As caraterísticas proeminentes dos ecossistemas aquáticos são:

1. Diversidade da água: Podem ser de água doce ou de água salgada.
2. População de habitat variado: Proporcionam um habitat para uma variedade de flora e fauna, desde águas pouco profundas até aos oceanos mais profundos.
3. Biodiversidade exclusiva: As algas e os corais constituem a maior parte da flora dos ecossistemas aquáticos.
4. Rica rede de sustentação: Facilitam a continuidade do complexo jogo global da cadeia alimentar, regulam o ciclo hidrológico e actuam como filtro da poluição.

<u>Funções do ecossistema aquático</u>: - Estes pontos sublinham a importância da ecologia aquática:

1. Permite a reciclagem mais fácil dos nutrientes e a purificação da água.
2. Recarga dos lençóis freáticos, prevenção de inundações e abrigo para a fauna e a flora.

CAPÍTULO 8: ECOSSISTEMA: - FLUXO DE ENERGIA, SUCESSÃO ECOLÓGICA, CADEIA ALIMENTAR, TEIAS ALIMENTARES E PIRÂMIDES ECOLÓGICAS

Fluxo de energia num ecossistema:- Uma das variáveis significativas que suportam a sobrevivência de um número tão grande de criaturas é o fluxo de energia no ecossistema. Um ecossistema é constituído por uma rede de ligações entre componentes vivos e não vivos. A energética ecológica é o estudo do movimento da energia através de um ecossistema.

O sol fornece toda a energia de que os seres vivos necessitam. As plantas verdes absorvem cerca de 1% da energia radiante total para a distribuir pelo ecossistema. Apesar da sua pequena dimensão, esta quantidade é suficiente para manter toda a vida na Terra. Continue a ler o artigo para descrever o fluxo de energia num ecossistema.

O fluxo de energia que ocorre ao longo de uma cadeia alimentar é designado por fluxo de energia. O combustível entra na cadeia alimentar ao nível dos produtores sob a forma de energia solar. As plantas convertem a energia solar em energia química através do processo de fotossíntese. Esta energia química é transmitida de um nível trófico para o nível trófico seguinte ao longo de uma cadeia alimentar ou de um nível trófico para outro.

Ciclo de nutrientes no ecossistema - Duas leis da termodinâmica

Existe uma relação direta entre o fluxo de energia e a termodinâmica ou pode dizer-se que o fluxo de energia segue as leis da termodinâmica. O fluxo de energia baseia-se em duas leis diferentes da termodinâmica:

(i) Primeira lei da termodinâmica

A primeira lei da termodinâmica diz que a energia não pode ser criada nem destruída. Também neste caso, a fonte de energia, ou seja, a energia solar, não pode ser criada nem destruída. Só pode ser transferida de um sistema para outro, como de uma forma para outra forma.

(ii) Segunda Lei da Termodinâmica

Na segunda lei, afirma-se que, durante a transformação, uma parte da energia é dissipada para o meio envolvente sob a forma de energia térmica.

Os animais podem utilizar a energia sob duas formas: Energia radiante e energia fixa. A energia radiante é a estrutura das ondas electromagnéticas, como a luz. A energia fixa é a energia química potencial contida em diferentes substâncias orgânicas que podem ser feridas para descarregar o seu conteúdo energético. Os organismos que podem fixar a energia radiante podem utilizar substâncias inorgânicas para produzir moléculas orgânicas e são chamados autótrofos. Os organismos que não podem obter energia de uma fonte abiótica, mas dependem de moléculas orgânicas ricas em energia sintetizadas por autótrofos, são chamados heterótrofos. Aqueles que obtêm energia dos organismos vivos são chamados consumidores e aqueles que recebem energia dos animais mortos são chamados decompositores.

Sucessão ecológica: - **A sucessão ecológica** é o processo de mudança nas espécies que compõem uma comunidade ecológica ao longo do tempo.

Tipos de sucessão ecológica:

1) **Sucessão primária: -** A dinâmica sucessional que começa com a colonização de uma área que não foi previamente ocupada por uma comunidade ecológica é referida como sucessão primária. As fases da sucessão primária incluem microrganismos pioneiros, plantas (líquenes e musgos), fase herbácea, arbustos mais pequenos e árvores. Os animais começam a regressar quando há comida para eles

comerem. Quando o ecossistema está a funcionar em pleno, atingiu a fase de comunidade clímax.

2) **<u>Sucessão secundária:</u>** - segue-se a uma perturbação grave ou à remoção de uma comunidade pré-existente que tem vestígios do ecossistema anterior. A sucessão secundária é fortemente influenciada pelas condições anteriores à perturbação, como o desenvolvimento do solo, o banco de sementes, a matéria orgânica remanescente e os organismos vivos residuais. Devido à fertilidade residual e aos organismos pré-existentes, a mudança da comunidade nas fases iniciais da sucessão secundária pode ser relativamente rápida. A sucessão secundária é muito mais frequentemente observada e estudada do que a sucessão primária. Os tipos particularmente comuns de sucessão secundária incluem respostas a perturbações naturais, como incêndios, inundações e ventos fortes, e a perturbações causadas pelo homem, como o abate de árvores e a agricultura. Na sucessão secundária, os solos e os organismos precisam de ser deixados ilesos para que haja uma forma de reconstrução do novo material. Por exemplo, num habitat fragmentado de campos antigos criado no leste do Kansas, as plantas lenhosas "colonizaram-se mais rapidamente (por unidade de área) em manchas grandes e próximas.

<u>Causas de sucessão</u>

1) <u>Sucessão autogénica</u>

- O principal motor de mudança na sucessão autogénica vem do interior da comunidade.
- A sucessão autogénica pode ser observada na transição de um campo agrícola abandonado para uma floresta adulta.
- Como resultado, a sucessão autogénica ocorre em escalas de tempo que correspondem ao tempo de vida dos organismos da comunidade.

Factores que induzem a sucessão autogénica

- Esta sucessão é desencadeada pelas próprias plantas (componentes bióticos).
- Luz retida pelas folhas
- Produção de detritos
- Absorção de água e nutrientes
- Fixação do azoto
- Alterações climáticas causadas pelo homem
- Estes factores resultam numa mudança ecológica constante numa determinada área de terra, a que se dá o nome de sucessão de espécies residentes.
- Devido à vida vegetal pré-existente, a sucessão autogénica é considerada uma **sucessão secundária.**

2) Sucessão alogénica

- A sucessão alogénica refere-se à sucessão que ocorre como resultado de factores externos à comunidade.
- A principal força motriz da mudança na sucessão alogénica é externa à comunidade.
- A sucessão alogénica ocorre numa escala de tempo que corresponde ou é proporcional à escala de tempo da perturbação.
- A sucessão alogénica induzida pelas alterações climáticas pode levar milhares de anos a ocorrer.
- A sucessão das populações de fitoplâncton nos lagos de água doce é causada por alterações sazonais da temperatura e da intensidade luminosa.

Factores que induzem a sucessão alogénica

- Uma sucessão alogénica pode ser induzida de várias formas, incluindo:
- Inundações
- Seca
- Erupções vulcânicas

- Terramotos
- Queda de meteorito ou cometa
- Alterações climáticas não antropogénicas

<u>Cadeia alimentar</u>

Uma cadeia alimentar é a sequência de eventos num ecossistema em que um organismo vivo come outro organismo, que é depois comido por um organismo maior.

- Uma cadeia alimentar é o movimento de nutrientes e energia de uma criatura para outra em diferentes níveis tróficos.
- O padrão de alimentação ou a relação entre as espécies vivas também é explicado pela cadeia alimentar.
- Um nível trófico refere-se à ordem em que os produtores, consumidores primários, secundários e terciários aparecem numa cadeia alimentar, começando na base com os produtores e terminando com os consumidores primários, secundários e terciários.
- Um nível trófico é o nível mais baixo de uma cadeia alimentar.

<u>Tipos de cadeias alimentares</u>

1) Cadeia alimentar das pastagens

- A cadeia alimentar do pastoreio **começa com as plantas verdes**, passa pelos herbívoros e, finalmente, pelos carnívoros.
- **A fotossíntese** fornece energia ao nível trófico mais baixo de uma cadeia alimentar de pastoreio.
- A primeira transferência de energia neste tipo de cadeia alimentar é das plantas para os herbívoros.
- A maior parte dos ecossistemas no ambiente segue este tipo de cadeia alimentar porque os autótrofos constituem a base de todos os ecossistemas na Terra.

- Por conseguinte, este tipo de ciclo depende da captação de energia autotrófica e da sua transferência para os herbívoros.
- Esta forma da cadeia alimentar pode ser encontrada na maioria dos ecossistemas naturais.

Exemplo

Fitoplâncton → Zooplâncton → Peixes pequenos → Peixes maiores → Aves → Decompositor

- O fitoplâncton é o principal responsável pela criação de alimentos (ou matéria orgânica) através da fotossíntese nesta cadeia alimentar de predadores.
- Os seres acelulares e multicelulares, como o zooplâncton, alimentam-se de fitoplâncton.
- As lagostas, os caranguejos e os peixes pequenos comem o zooplâncton.
- Um peixe maior alimenta-se de um peixe mais pequeno, de uma lagosta ou de um caranguejo. Os peixes maiores são depois comidos por mamíferos, répteis e aves, cuja morte e subsequente decomposição por microrganismos encerra a cadeia alimentar.

Ervas → Coelho → Raposa

- Neste exemplo, as gramíneas são os principais produtores da cadeia alimentar.
- Podem fabricar alimentos através da fotossíntese, que envolve a utilização da clorofila nas suas folhas e caules, na presença da luz solar.
- Quando as gramíneas são consumidas pelos coelhos, a energia é transmitida através da alimentação das gramíneas para os coelhos. Uma vez que a raposa é um carnívoro e um heterótrofo, não pode criar o seu próprio alimento e tem de depender do coelho para se alimentar.

1) Cadeia alimentar do detrito

- A cadeia alimentar dos detritos **começa com a matéria orgânica morta (em decomposição).**
- Algas, bactérias, fungos, protozoários, ácaros, insectos, vermes e outras criaturas e plantas fazem parte da cadeia alimentar dos detritos.
- Os decompositores e os detritívoros utilizam a energia da dieta, que é depois consumida por seres mais pequenos, como os carnívoros.
- Os carnívoros, como as larvas, tornam-se alimento para carnívoros maiores, como as rãs, as cobras e outros predadores.
- Os detritívoros são consumidores primários que se alimentam de detritos, tais como fungos, bactérias, protozoários e outros organismos.
- Esta cadeia alimentar é também designada por **"cadeia alimentar dos decompositores"**.

Exemplo

Folhas mortas → Piolho da madeira → Pássaro preto

- O piolho da madeira alimenta-se de folhas mortas, celulose de árvores caídas, etc.
- O galo silvestre será comido pelo melro.
- Finalmente, após a morte do melro, o dióxido de carbono e os produtos químicos inorgânicos, como os nitratos, sulfatos e fosfatos, são produzidos como subproduto das cadeias alimentares de detritos.
- Normalmente, no final do ciclo de detritos, não resta qualquer matéria orgânica inflamável.

<u>Importância da cadeia alimentar</u>

- O estudo das cadeias alimentares contribui para o nosso conhecimento das dificuldades de biomagnificação (ou seja, a concentração crescente de uma substância tóxica nos tecidos de organismos tolerantes, que se acumulam em níveis sucessivamente mais elevados numa cadeia alimentar).

- A investigação sobre cadeias alimentares ajuda-nos a compreender as ligações alimentares e as interações entre os seres de um ecossistema.
- Podemos apreciar o mecanismo do fluxo de energia e a circulação da matéria num ecossistema se compreendermos a cadeia alimentar desse ecossistema.
- Contribui para a nossa compreensão da forma como os compostos nocivos migram através de um ecossistema

<u>Teia alimentar:-</u> Uma teia alimentar é uma representação completa das espécies de uma comunidade e das suas relações entre si.

- Demonstra como a energia é movimentada ao longo de cadeias alimentares interligadas.
- Uma teia alimentar difere de uma cadeia alimentar na medida em que esta última é uma estrutura linear que representa uma sucessão de animais em que cada espécie é comida sucessivamente por outra espécie, mas uma teia alimentar é uma rede mais complexa de quem come quem num determinado ambiente.
- Se um elo da cadeia alimentar intermédia for removido, os elos seguintes da cadeia serão gravemente afectados.
- A maioria das espécies num ecossistema tem mais do que uma fonte de alimento devido à teia alimentar, o que aumenta as suas hipóteses de sobrevivência.
- Por exemplo, as gramíneas podem servir de alimento a coelhos, gafanhotos, cabras e vacas.
- Um herbívoro, por outro lado, pode ser uma fonte de alimento para uma variedade de espécies carnívoras.
- Uma teia alimentar está representada no diagrama abaixo. As setas nas teias alimentares apontam de um organismo devorado para o organismo que o come.

Níveis tróficos numa teia alimentar
Produtores primários

- Em geral, os produtores primários incluem organismos fotossintéticos como as plantas e as algas.
- Utilizando a energia solar, são capazes de fabricar alimentos por si próprios.

Consumidores primários

- Os organismos que obtêm a sua energia devorando os principais produtores são conhecidos como consumidores primários.
- Pensa-se que os herbívoros são os principais consumidores.

Consumidores secundários

- Para a alimentação, os consumidores secundários atacam os consumidores primários.
- Serão carnívoros ou omnívoros. São depois consumidos como alimento pelos consumidores terciários.
- Os decompositores e os detritívoros desempenham um papel importante na cadeia alimentar. Os predadores de topo encontram-se ao nível mais elevado da cadeia alimentar.

Fluxo de energia numa teia alimentar

- Quando uma criatura se alimenta de outra e obtém moléculas ricas em energia do corpo da sua presa, a energia é transmitida entre níveis tróficos.
- No entanto, estas transferências são ineficientes e, consequentemente, a extensão das cadeias alimentares é limitada.
- Parte da energia que entra num nível trófico é armazenada como biomassa, que é um componente do corpo dos organismos.
- Como apenas a energia armazenada como biomassa pode ser consumida, esta é a energia disponível para o nível trófico seguinte.

- Regra geral, apenas cerca de **10% da energia armazenada sob a forma de biomassa** num nível trófico (por unidade de tempo) acaba por ser armazenada sob a forma de biomassa no nível trófico seguinte (por unidade de tempo).
- O comprimento das cadeias alimentares é limitado por este padrão de transferência fraccionada; após um certo número de níveis tróficos, normalmente três a seis, o fluxo de energia é insuficiente para sustentar uma população num nível superior.

Importância da teia alimentar

- Muitos organismos do nível trófico inferior de outras cadeias alimentares podem ser alimentados por membros do nível trófico superior.
- A presença de uma teia alimentar complexa promove a estabilidade do ecossistema.
- Tem níveis tróficos ou populações de várias espécies.
- As teias alimentares evitam a fome e ajudam no crescimento da população de animais em vias de extinção.
- Existem numerosas redes alimentares inter-relacionadas.
- As teias alimentares são úteis para compreender como as perturbações populacionais causadas pela caça excessiva, a caça furtiva, o aquecimento global e a destruição do habitat conduzem à escassez de alimentos e à extinção.

<u>Pirâmides ecológicas</u>

- Uma representação piramidal da ligação entre diferentes espécies vivas em diferentes níveis tróficos numa pirâmide ecológica.
- **G. Evylen Hutchinson** e **Raymond Lindeman** foram os seus introdutores.
- Estas pirâmides têm a forma triangular das pirâmides actuais, sendo a base a mais larga e abrangendo o nível trófico mais baixo, ou seja, os produtores.

- O nível trófico seguinte, ou seja, os consumidores primários e assim por diante, ocupa o nível seguinte.
- Uma vez que um espaço de amostragem de poucos números ou poucas espécies resultará num elevado grau de erros, todos os cálculos para a criação deste tipo de pirâmides ecológicas devem ter em consideração todas as criaturas num determinado nível trófico.

<u>Tipos de pirâmide ecológica</u>

1) Pirâmide de números

- O número total de indivíduos (população) presentes em cada nível trófico é representado por uma pirâmide de números.
- Elton John popularizou a expressão "pirâmide de números" em 1972.
- Quando se trata de contar o número de criaturas, esta pirâmide é realmente eficiente.
- A contagem é uma tarefa básica que pode ser feita ao longo do tempo para determinar como um ecossistema mudou. No entanto, algumas criaturas, particularmente as formas jovens, são difíceis de contar.
- Exceto em casos raros, como a cadeia alimentar dos detritos, em que muitas criaturas se alimentam de uma única planta ou animal morto, a pirâmide numérica é normalmente vertical.

2) Pirâmide de biomassa

- Num determinado nível trófico, a biomassa é a quantidade de matéria viva presente num indivíduo ou num grupo de indivíduos por unidade de produto de área.
- Cada nível desta forma de pirâmide ecológica representa a quantidade de biomassa presente em cada nível trófico.

- Exceto nos oceanos, onde um enorme número de zooplânctons depende de um número relativamente pequeno de fitoplâncton, a pirâmide de biomassa também é vertical.

3) Pirâmide de energia

- A pirâmide energética é uma pirâmide vertical que representa a **transferência de energia dos produtores para os consumidores.**
- À medida que a energia se desloca para cima, as pirâmides de energia mostram quanta energia é necessária no nível trófico seguinte.
- Como a transmissão de energia numa cadeia alimentar é sempre unidirecional, a pirâmide energética é o único tipo de pirâmide ecológica que está **sempre na vertical.**
- Além disso, à medida que o nível trófico aumenta, alguma energia é perdida para o ambiente.

<u>Fluxo de energia numa pirâmide ecológica</u>

- Quando uma criatura se alimenta de outra e obtém moléculas ricas em energia do corpo da sua presa, a energia é transmitida entre níveis tróficos.
- No entanto, estas transferências são ineficazes e, consequentemente, a extensão das cadeias alimentares é limitada.
- Parte da energia que entra num nível trófico é armazenada como **biomassa**, que é um componente do corpo dos organismos.
- Como apenas a energia armazenada como biomassa pode ser consumida, esta é a energia disponível para o nível trófico seguinte.
- Regra geral, apenas cerca de **10% da energia armazenada sob a forma de biomassa** num nível trófico (por unidade de tempo) acaba por ser armazenada sob a forma de biomassa no nível trófico seguinte (por unidade de tempo).

- O comprimento das cadeias alimentares é limitado por este padrão de transferência fraccionada; após um certo número de níveis tróficos, normalmente três a seis, o fluxo de energia é insuficiente para sustentar uma população num nível superior.

<u>Limitações da pirâmide ecológica</u>

- Tal como no caso da cadeia alimentar, várias espécies podem ocupar vários níveis tróficos.
- Consequentemente, as redes alimentares não são tidas em conta por este sistema.
- Embora os saprófitos sejam uma caraterística importante de muitos ecossistemas, não estão incluídos em nenhuma das pirâmides.
- Estas pirâmides só são úteis para cadeias alimentares simples que não ocorrem na natureza.
- Estas pirâmides não fornecem qualquer informação sobre as mudanças sazonais e climáticas.
- Não têm em conta a possibilidade de existirem muitas espécies a vários níveis.

<u>Significado da pirâmide ecológica</u>

O significado da pirâmide ecológica pode ser expresso da seguinte forma:

- Ilustram a nutrição de vários organismos em vários habitats.
- Demonstra a eficácia da transmissão de energia.
- O estado do ecossistema pode ser monitorizado e qualquer dano adicional pode ser evitado.

CAPÍTULO 9: BIODIVERSIDADE E SUA CONSERVAÇÃO

Biodiversidade:- O termo "biodiversidade" deriva de duas palavras - "bios", que significa vida, e "diversidade", ou seja, diferenciação ou variação. Edward Wilson, o sociobiólogo, foi o primeiro a popularizar o termo "biodiversidade" no ano de 1992. O termo implica a ocorrência de várias plantas e animais, juntamente com as suas variantes, tais como biótipos, ecotipos e genes, na Terra. Na nossa biosfera, a imensa diversidade ou heterogeneidade mantém-se não só ao nível das espécies, mas também a todos os níveis da organização biológica, desde as macromoléculas das células até aos biomas.

Existem três tipos de biodiversidade, nomeadamente

1. Diversidade genética
2. Diversidade de espécies
3. Diversidade ecológica

1. **Biodiversidade genética**:- A diversidade encontrada a nível genético é conhecida como Biodiversidade Genética. Por exemplo, a Rauwolfia vomitoria, uma planta medicinal encontrada nos Himalaias, apresenta uma variação genética em termos de potência e concentração da substância química Reserpina.

2. **Biodiversidade de Espécies:-** A variedade de espécies diferentes encontradas numa área específica é conhecida como Biodiversidade de Espécies. Por exemplo, os Ghats ocidentais da Índia têm mais espécies de anfíbios do que os Ghats orientais.

3. **Biodiversidade ecológica:-** A biodiversidade encontrada ao nível do ecossistema de uma região é conhecida como Biodiversidade Ecológica. Por exemplo, a Índia, com os seus vastos desertos, densas florestas tropicais e ricos mangais, tem uma biodiversidade ecológica mais elevada do que a Noruega.

<u>**Importância da Biodiversidade**</u>

A manutenção correta da biodiversidade é essencial para a sobrevivência na Terra. Uma zona rica em espécies superiores é considerada mais estável do que uma zona carenciada. Além disso, dependemos inteiramente do ambiente para satisfazer as nossas necessidades de sobrevivência.

<u>**Outros factores que explicam a importância da biodiversidade são:**</u>

1. Proporciona estabilidade ecológica ao fornecer vários serviços necessários à sobrevivência da vida humana. Cada espécie tem uma função específica num ecossistema. Algumas produzem e decompõem matéria orgânica, enquanto outras captam e armazenam energia. Um ecossistema abundante e diversificado é mais produtivo e resistente a pressões ambientais como secas, inundações, deslizamentos de terras, etc.
2. Uma biodiversidade rica proporciona valor económico, pois é um reservatório de vários recursos, como gado, peixes, florestas, ervas medicinais, madeira, culturas, etc., que são essenciais para a propagação da vida na Terra.
3. Uma biodiversidade abundante e equilibrada proporciona também um valor ético e estético ao conservar o rico património cultural.

<u>**Razões para a perda de biodiversidade**</u>

As principais razões que estão na origem da perda de biodiversidade são

- Explosão demográfica/sobrepopulação
- Mecanização/industrialização extensiva
- Urbanização

- Desflorestação
- Poluição
- Erosão
- Esgotamento

Métodos de conservação da biodiversidade

Existem essencialmente dois métodos de conservação da biodiversidade:

1. Conservação in-situ
2. Conservação ex-situ

Conservação in-situ:- A conservação in-situ da biodiversidade é a preservação de várias espécies de animais e plantas no seu ambiente ou habitat natural. Inclui parques nacionais, santuários, florestas, reservas, etc.

Vantagens da conservação in situ
A conservação in situ da biodiversidade tem várias vantagens:

- É uma forma rentável de conservação da biodiversidade
- Assegura a conservação de um grande número de espécies ao mesmo tempo
- Os organismos não precisam de mudar o seu habitat

Parques nacionais:- Os parques nacionais são as reservas florestais geridas pelo governo. Actividades como o pastoreio, a agricultura, a construção, o corte de árvores, a caça, etc., são estritamente proibidas nestas áreas para a conservação de diferentes espécies de flora e fauna. A Índia tem um total de 104 Parques Nacionais que cobrem uma área de 43.716 quilómetros quadrados. Por exemplo, o Parque Nacional Jim Corbett, o Parque Nacional Kanha, o Parque Nacional Gir, o Parque Nacional Kaziranga, o Parque Nacional Sundarbans, etc.

Santuários de vida selvagem:- Os santuários de vida selvagem são as áreas reservadas especificamente para a conservação de animais selvagens. Os turistas são autorizados a visitar estas zonas. A Índia tem um total de 551 santuários de vida selvagem. Por exemplo, o Santuário de Vida Selvagem de Periyar em Kerala, o Santuário de Aves de Gana, o Santuário de Vida Selvagem de Abohar, o Santuário de Vida Selvagem de Mudumalai.

Conservação ex-situ:- A conservação ex-situ da biodiversidade é a preservação de várias espécies de animais e plantas fora do seu ambiente natural ou habitat. Neste tipo de conservação, a reprodução de espécies ameaçadas é efectuada em ecossistemas artificiais como jardins zoológicos, jardins botânicos, viveiros, etc.

Estratégias de conservação da biodiversidade

-
As estratégias que devem ser seguidas para a conservação da biodiversidade são:

- Os animais agrícolas, o gado e as plantas, como as plantas de madeira, devem ser protegidos
- A população de espécies ameaçadas de extinção deve ser restabelecida
- Os recursos naturais devem ser utilizados de forma eficiente
- A desflorestação incessante deve ser travada
- A caça deve ser proibida
- Difusão da sensibilização do público

Necessidade de conservação da biodiversidade

A conservação da biodiversidade é uma necessidade premente para manter o ambiente livre de poluição e assegurar a disponibilidade adequada de recursos para os seres humanos. Os seres humanos são completamente dependentes da natureza para vários recursos, como os renováveis e os não renováveis. Estes recursos são fornecidos por animais e plantas, direta ou indiretamente. Para sustentar a vida na terra, a rica flora e fauna da Terra tem de ser conservada de forma eficiente.

Classificação biogeográfica da Índia

É a divisão da Índia de acordo com as caraterísticas biogeográficas. A biogeografia é o estudo da distribuição das espécies (biologia), dos organismos e dos ecossistemas no espaço geográfico e ao longo do tempo geológico. A Índia possui um rico património de diversidade natural. A Índia ocupa o quarto lugar na Ásia e o décimo no mundo entre os 17 países mais megadiversos do mundo.

Zonas biogeográficas da Índia

1. Região Trans-Himalaia:-.

As cordilheiras dos Himalaias imediatamente a norte da cordilheira dos Grandes Himalaias são designadas por Trans-Himalaias. Compreende três províncias biogeográficas - as montanhas de Ladakh, o planalto tibetano e o Sikkim dos Himalaias. Representa cerca de 5,6% da massa terrestre do país. Esta região situa-se maioritariamente entre os 4.500 e os 6.000 metros de altitude e é muito fria e árida. A única vegetação é uma esparsa estepe alpina. Extensas áreas são constituídas por rochas nuas e glaciares.

A região Trans-Himalaia, com a sua vegetação esparsa, possui a mais rica comunidade de ovelhas e cabras selvagens do mundo. O leopardo-das-neves, os ursos pretos e castanhos, o lobo, as marmotas, o gato-marmoreado, o íbex e o kiang encontram-se aqui, assim como o grou de pescoço preto migratório.

2. Himalaias:-

Os Himalaias são as cadeias montanhosas mais jovens e mais altas do mundo. O arco montanhoso dos Himalaias, com 2 400 quilómetros de comprimento, possui uma biodiversidade única devido à sua elevada altitude, ao declive acentuado e à rica flora temperada. Os Himalaias têm três províncias biogeográficas - os Himalaias do Noroeste, os Himalaias do Oeste, os Himalaias do Centro e os Himalaias do Leste, que, em conjunto, constituem cerca de 6,4% da área do país.

As florestas tropicais predominam nos Himalaias Orientais, enquanto as densas florestas subtropicais e alpinas são típicas dos Himalaias Centrais e Ocidentais. O carvalho, o castanheiro, a conífera, o freixo, o pinheiro e o deodar são abundantes nos Himalaias. Entre os animais importantes que vivem na cordilheira dos Himalaias contam-se as ovelhas selvagens, as cabras montesas, o íbex, o veado almiscarado e o serow. O panda-vermelho, o urso-preto, os dholes, os lobos, as martas, as doninhas, o leopardo e o leopardo-das-neves também se encontram aqui. No entanto, os carnívoros são escassos e frequentemente ameaçados a nível local.

3. O deserto do Índico

Esta região é constituída por duas províncias biogeográficas. A maior é o Thar ou Grande Deserto Indiano, adjacente ao Paquistão e que compreende o Rajastão e partes do Punjab e Haryana. A parte indiana do deserto de Thar ocupa 170.000 km^2 (66.000 sq mi). O clima caracteriza-se por um verão muito quente e seco e um inverno frio. A precipitação é inferior a 70 cm. As plantas são maioritariamente xerófitas. Babul, Kikar e tamareira selvagem crescem em áreas de precipitação moderada. A abetarda indiana, uma ave altamente ameaçada de extinção, encontra-se aqui. Camelos, gazelas, raposas, lagartos de cauda espinhosa e cobras encontram-se nas zonas quentes e áridas do deserto.

O Rann de Kutch, que se situa em Gujarat, é a segunda província biogeográfica. O Rann é uma grande área de pântano salgado que atravessa a fronteira entre o Paquistão e a Índia. A maior parte situa-se maioritariamente em Gujarat (principalmente no distrito de Kutch). Está dividido em Grande Rann e Pequeno Rann, cada um com caraterísticas e fauna distintas. O Rann de Kutch é a única grande zona de prados inundados na região indo-malaia. A zona, com o deserto de um lado e o mar do outro, permite vários ecossistemas, incluindo mangais e vegetação desértica. As suas pradarias e desertos albergam formas de vida selvagem que se adaptaram às suas condições frequentemente adversas. Estas incluem espécies animais e vegetais endémicas e ameaçadas de extinção, como o burro selvagem indiano. O Rann alberga muitas populações de aves residentes e migratórias, incluindo o flamingo grande, o flamingo pequeno, o floricano pequeno e a abetarda houbara. O pequeno Rann alberga a maior população mundial de burros selvagens indianos. Outros mamíferos encontrados no Rann incluem o lobo indiano, a raposa do deserto, o chinkara, o nilgai, o blackbuck e outros.

4. Zonas Semi-Áridas

Junto ao deserto encontram-se as zonas semi-áridas, uma zona de transição entre o deserto e as florestas mais densas dos Ghats Ocidentais. A vegetação natural é a floresta de espinhos. Esta região caracteriza-se por um coberto vegetal descontínuo, com zonas abertas de solo nu e défice de água no solo durante todo o ano.

Os arbustos espinhosos, as gramíneas e alguns bambus estão presentes em algumas regiões. Algumas espécies de ervas xerófilas e algumas ervas efémeras estão presentes neste território semi-árido. Chacais, leopardos, cobras, raposas, búfalos são encontrados nesta região, bem como aves como a abetarda indiana, o houbara asiático, a corvina, o bulbul de orelhas brancas, o galo-lira, o galo-lira-de-cauda-branca (ou galo-lira-de-barriga-branca), o galo-lira-de-barriga-preta, o noitibó de Sykes, a cotovia-grande, a cotovia-de-coroa-preta, a cotovia-do-deserto (cotovia-de-barriga-vermelha), o robalo de cauda rufosa, o chasco-isabelino e a toutinegra-do-deserto asiática.[15][16]

5. Ghats Ocidentais

As montanhas ao longo da costa ocidental da Índia peninsular são os Ghats Ocidentais, que constituem uma das regiões biológicas únicas do mundo. Os Ghats Ocidentais estendem-se do extremo sul da península (8°N) para norte, cerca de 1600 km, até à foz do rio Tapi (21°N).

As montanhas atingem altitudes médias entre 900 e 1500 m acima do nível do mar, interceptando os ventos de monção vindos do sudoeste e criando uma sombra de chuva na região a leste.

O clima variado e a topografia diversificada criam uma vasta gama de habitats que suportam conjuntos únicos de espécies vegetais e animais. Para além da diversidade biológica, a região orgulha-se dos elevados níveis de diversidade cultural, uma vez que muitos povos indígenas habitam as suas florestas.

Os Ghats Ocidentais estão entre os 25 pontos quentes de biodiversidade reconhecidos a nível mundial. Estas colinas são conhecidas pelos seus elevados níveis de endemismo, expressos tanto a nível taxonómico superior como inferior. A maioria das plantas endémicas dos Ghats Ocidentais está associada a florestas sempre verdes.

A região também partilha várias espécies de plantas com o Sri Lanka. As florestas de maior altitude eram, quando muito, escassamente povoadas por povos tribais. A cultura do arroz no vale fértil deu origem a hortas de culturas comerciais primitivas, como a noz de areca e a pimenta. A vegetação original dos fundos de vale mal drenados, com riachos lentos em altitudes inferiores a 100 m, seria frequentemente uma formação especial, o pântano de Myristica.

A expansão da agricultura tradicional e a disseminação de plantações de borracha, chá, café e árvores florestais, em particular, teriam eliminado grandes bolsas de florestas primárias nos vales. Os Ghats Ocidentais são bem conhecidos por albergarem 14 espécies endémicas de cecílias (ou seja, anfíbios sem pernas) das 15 registadas até agora na região.

6. Planalto de Deccan

Para além dos Ghats, encontra-se o planalto de Deccan, uma região semi-árida situada na sombra das chuvas dos Ghats ocidentais. Esta é a maior unidade do Planalto Peninsular da Índia. As terras altas do planalto estão cobertas por diferentes tipos de florestas, que fornecem uma grande variedade de produtos florestais. O planalto de Deccan inclui a região situada a sul da cordilheira de Satpura e estende-se até ao extremo sul da Índia peninsular. O Anai mudi é o pico mais alto desta região. O planalto do Decão é rodeado pelos ghats ocidental e oriental. Estes ghats encontram-se nas colinas de Nilgiris. Os ghats ocidentais incluem as colinas de Sahyadri, Nilgiris, Annamalai e Cardamom. Muitos rios, como o Mahanadi, o Godavari, o Krishna e o Kaveri, nascem nos ghats ocidentais e correm para leste. Os ghats orientais são divididos em pequenas cadeias de colinas por rios provenientes dos ghats ocidentais. A maioria destes rios desagua na Baía de Bengala. O Godavari é o rio mais longo do planalto de Deccan. O Narmada e o Tapi correm para oeste e caem no mar Arábico.

7. Planície do Ganges

No Norte, a planície do Ganges estende-se até aos contrafortes dos Himalaias. Esta é a maior unidade da Grande Planície da Índia. O Ganges é o principal rio que dá nome a esta planície. As Grandes Planícies agregadas cobrem uma área de cerca de 72,4 milhões de hectares, sendo o Ganges e o Brahmaputra os principais eixos de drenagem na maior parte da área.

A espessura dos sedimentos aluviais varia consideravelmente, atingindo o seu máximo nas planícies do Ganges. O cenário fisiogeográfico varia muito, desde as paisagens áridas e semi-áridas das planícies do Rajastão até às paisagens húmidas e per-húmidas do Delta e do vale de Assam, a leste.

A uniformidade topográfica, exceto no Rajastão Ocidental árido, é uma caraterística comum a todas estas planícies. A planície suporta algumas das mais altas densidades populacionais, dependendo de uma economia puramente agrícola em algumas destas áreas. As árvores que pertencem a estas florestas são a teca, o sal, o shisham, o mahua, o khair, etc.

8. Nordeste da Índia

O Nordeste da Índia é uma das regiões mais pobres do país. Tem várias espécies de orquídeas, bambus, fetos e outras plantas. Aqui podem ser cultivados os parentes selvagens das plantas cultivadas, como a banana, a manga, os citrinos e a pimenta.

9. Ilhas

Os dois grupos de ilhas, ou seja, as ilhas do Mar Arábico e as ilhas da Baía, diferem significativamente em termos de origem e caraterísticas físicas. As ilhas do Mar Arábico (Laccadive, Minicoy, etc.) são os restos da antiga massa terrestre e das subsequentes formações de coral. Por outro lado, as ilhas da Baía situam-se apenas a cerca de 220 km.

Afastadas do ponto mais próximo da massa terrestre principal, estendem-se por cerca de 590 km. Com uma largura máxima de 58 km, as florestas insulares de Lakshadweep, no Mar da Arábia, possuem algumas das florestas sempre verdes mais bem preservadas da Índia.

Algumas das ilhas são orladas por recifes de coral. Muitas delas estão cobertas por florestas densas e algumas são altamente dissecadas.

10.Costas

A Índia tem uma linha costeira que se estende por 7.516. 4 km. As costas indianas variam nas suas caraterísticas e estruturas. A costa ocidental é estreita, exceto em torno do Golfo de Cambay e do Golfo de Kutch. No extremo sul, no entanto, é um pouco mais larga ao longo do sul do Sahyadri.

Os remansos são os elementos caraterísticos desta costa. As planícies da costa oriental, pelo contrário, são mais vastas devido às actividades de deposição dos rios que correm para leste, devido à alteração dos seus níveis de base.

Os extensos deltas dos rios Godavari, Krishna e Kaveri são as caraterísticas desta costa. A vegetação de mangais é caraterística das zonas estuarinas ao longo da costa, por exemplo, em Ratnagiri, no Maharashtra.

A maior parte das planícies costeiras está coberta por solos férteis, nos quais são cultivadas diversas culturas. O arroz é a principal cultura destas zonas. Os coqueiros crescem ao longo de toda a costa.

O coco e a borracha são a principal vegetação da zona costeira. Os principais Estados das zonas costeiras são: Gujarat, Maharashtra, Goa, Karnataka, Kerala, Bengala Ocidental, Odisha, Andhra Pradesh, Tamil Nadu e Puducherry.

<u>Hotspots de Biodiversidade</u>

 Um "hotspot de biodiversidade" é uma região biogeográfica com níveis significativos de biodiversidade que se encontra ameaçada pela habitação humana. Este conceito foi desenvolvido pelo perito ambiental britânico Norman Myers em 1998.

A Índia alberga quatro hotspots de biodiversidade: as ilhas Andaman e Nicobar, os Himalaias Orientais, a região da Indo-Birmânia e os Ghats Ocidentais.

Ilhas Andaman e Nicobar

As ilhas Andaman (como parte da série 19 Indo-Burma) e as ilhas Nicobar (como parte da série 16 Sundaland).

Himalaia Oriental

Número 32 da lista. Os Himalaias Orientais faziam originalmente parte do Hotspot de Biodiversidade da Indo-Birmânia. Em 2004, uma reavaliação do hotspot classificou a região como parte de dois hotspots: Indo-Birmânia e os recém-distinguidos Himalaias. O Himalaia Oriental inclui o Butão, o sul, o centro e o leste do Nepal e o nordeste da Índia, e compreende 11 áreas-chave para a biodiversidade (ocupando 750 000 hectares). A região inclui as regiões de planície, bem como as regiões montanhosas e abrange dois reinos - o Paleártico e o Indomalaya. A região possui comunidades vegetais e faunísticas extremamente ricas, bem como uma série de espécies icónicas ameaçadas de extinção. Várias áreas protegidas importantes estão localizadas neste hotspot de biodiversidade.

Região da Indo-Birmânia

Ghats Ocidentais

Esta região centra-se na cadeia montanhosa dos Ghats Ocidentais, que se estende ao longo da costa ocidental e que representa menos de 6% da superfície terrestre nacional, mas contém um rico conjunto endémico de plantas, répteis e anfíbios, que compreende mais de 30% de todas as espécies de aves, peixes, herpetofauna, mamíferos e plantas existentes no país, incluindo espécies icónicas ameaçadas de extinção, como o elefante asiático (Elephas *maximus*) e o tigre (Panthera *tigris*), entre outras.

CAPÍTULO 10: Poluição ambiental, tipos, causas, efeitos e medidas de atenuação

Poluição:- Qualquer alteração indesejável das propriedades físicas, químicas e biológicas dos componentes do ambiente é conhecida como poluição.

Tipos:- As principais categorias de poluição são as seguintes:

1) Poluição da água
2) Poluição atmosférica
3) Poluição do solo
4) Poluição sonora

1) Causas da poluição das águas:-.

- *Urbanização*: A rápida urbanização na Índia durante as últimas décadas deu origem a uma série de problemas ambientais, tais como o abastecimento de água, a produção de águas residuais e a sua recolha, tratamento e eliminação As instalações municipais de tratamento de águas na Índia, atualmente, não removem vestígios de metais pesados. Dado o facto de os rios altamente poluídos serem as principais fontes de água municipal para a maioria das cidades ao longo dos seus cursos, pensa-se que cada consumidor tem estado, ao longo dos anos, exposto a quantidades desconhecidas de poluentes na água que consumiu. Para além disso, as cidades indianas cresceram de forma não planeada devido ao rápido crescimento da população. Em muitas cidades, e mesmo nalgumas aldeias, foram instaladas instalações de água corrente nas últimas décadas. Isto resultou na utilização de autoclismos e numa utilização muito maior de água em casa para tomar banho, lavar roupa, utensílios, etc., gerando grandes quantidades de águas residuais.

- *Indústrias*: A maioria dos rios indianos e outras fontes de água doce estão poluídos por resíduos ou efluentes industriais.

Todos estes resíduos industriais são tóxicos para as formas de vida que consomem esta água. O total de águas residuais geradas por todas as principais fontes industriais é de 83 048 milhões de metros cúbicos, incluindo 66 700 milhões de metros cúbicos de água de arrefecimento gerada pelas centrais térmicas. Dos restantes 16,348 mid de águas residuais, as centrais térmicas geram mais 7,275 mid como água de purga das caldeiras e transbordo dos tanques de cinzas. As indústrias de engenharia constituem o segundo maior produtor de águas residuais em termos de volume. Nesta categoria, as principais indústrias poluidoras são as unidades de galvanoplastia. Os outros contribuintes significativos de águas residuais são as fábricas de papel, as siderurgias e as indústrias têxtil e açucareira. Os principais contribuintes para a poluição em termos de carga orgânica são as destilarias, seguidas das fábricas de papel. As indústrias de pequena escala e artesanais não causam menos poluição da água do que as indústrias de grande escala. Existem cerca de 3 milhões de unidades industriais de pequena escala e artesanais na Índia. Estas unidades não dispõem nem podem dispor de sistemas adequados de saneamento e/ou de eliminação de poluentes e, no entanto, não hesitaram em adotar tecnologias de produção altamente poluentes, como o cromo, o curtimento de peles, a utilização de corantes azóicos nos tecidos, a utilização de cádmio em ornamentos e artigos de prata, a galvanoplastia com banhos de cianeto, a produção de intermediários corantes e outros produtos químicos refractários e tóxicos, etc.

- *Escoamento agrícola e práticas agrícolas incorrectas*: Os vestígios de fertilizantes e pesticidas são despejados nas massas de água mais próximas no início das monções ou sempre que há aguaceiros fortes. Uma vez que o ponto de entrada desses factores de produção agrícola se encontra espalhado por toda a bacia hidrográfica, são designados por fontes de poluição não pontuais. Embora a irrigação tenha aumentado consideravelmente no país, pouco foi feito para resolver o problema da elevada salinidade das águas de retorno. De acordo com A.K. Dikshit, cientista sénior do Instituto Indiano de Investigação Agrícola (IARI), Nova Deli, os agricultores recorrem frequentemente a uma utilização excessiva de fertilizantes e pesticidas. Quando estes são utilizados para além das doses recomendadas, poluem a água, a terra e o ar. O cultivo em planícies aluviais é outro fator que contribui significativamente para a poluição da água. Os adubos e pesticidas utilizados nestas áreas de terra são arrastados para os rios durante as monções.

- *Retirada de água*: Os rios indianos, especialmente os rios dos Himalaias, têm muita água no seu curso superior. No entanto, ficam privados de água quando entram na zona das planícies. Os canais de irrigação retiram a água limpa pouco depois de os rios chegarem às planícies, impedindo o fluxo de água no rio a jusante. O que corre para o rio é a água que escorre de pequenos riachos insignificantes e de esgotos que transportam esgotos e efluentes não tratados. O rio transformado em esgoto corre a jusante com pouca ou nenhuma água doce, a menos que um grande rio aumente os caudais esgotados. Como a quantidade de água doce no rio é insignificante, a poluição - proveniente das zonas urbanas e rurais, das indústrias ou mesmo de formas naturais de poluição - não pode ser diluída e os seus efeitos nocivos não são reduzidos. O Yamuna quase não tem água em Tajewala, em Haryana, onde o Canal do Yamuna Oriental e o Canal do Yamuna Ocidental captam toda a água para irrigação. Práticas religiosas e sociais: A fé religiosa e as práticas sociais também contribuem para a poluição das águas dos nossos rios. As carcaças de gado e de outros animais são deitadas aos rios. Os cadáveres são cremados nas margens dos rios. Os corpos parcialmente queimados são também atirados ao rio. Tudo isto é feito por uma questão de fé religiosa e de acordo com

rituais antigos. Estas práticas poluem a água do rio e afectam
negativamente a qualidade da água.

Efeitos da poluição da água

- *Saúde humana*:- Os agentes patogénicos transmitidos pela água,
  sob a forma de bactérias e vírus causadores de doenças
  provenientes de dejectos humanos e animais, são uma das
  principais causas de doenças provocadas pela água potável
  contaminada. As doenças transmitidas por água não segura
  incluem a cólera, a giárdia e a febre tifoide. Mesmo em países
  ricos, as descargas acidentais ou ilegais de instalações de
  tratamento de esgotos, bem como o escoamento de explorações
  agrícolas e áreas urbanas, contribuem com agentes patogénicos
  nocivos para os cursos de água.

- *Ambiente*:- Quando a poluição da água provoca uma proliferação
  de algas num lago ou ambiente marinho, a proliferação de
  nutrientes recentemente introduzidos estimula o crescimento de
  plantas e algas, o que, por sua vez, reduz os níveis de oxigénio
  na água. Esta escassez de oxigénio, conhecida como
  eutrofização, sufoca as plantas e os animais e pode criar "zonas
  mortas", onde as águas são essencialmente desprovidas de vida.
  Em certos casos, esta proliferação de algas nocivas pode também
  produzir neurotoxinas que afectam a vida selvagem, desde as
  baleias às tartarugas marinhas.

Prevenção da poluição da água:- Há várias medidas que podem
ser tomadas para ajudar a evitar que a poluição da água se agrave.

- *Conservar a erosão do solo:* É uma das maiores causas de
  poluição da água atualmente. Quando se tomam medidas para
  conservar o solo, também se está a conservar a água e a vida
  aquática. A plantação de coberturas vegetais, a gestão rigorosa
  da erosão e a aplicação de métodos agrícolas benéficos são

apenas algumas das muitas abordagens possíveis para a conservação do solo.

- *Eliminar corretamente os produtos químicos tóxicos:* É sempre uma boa ideia utilizar produtos com baixo teor de COV (Compostos Orgânicos Voláteis) em sua casa, sempre que possível. Se utilizar produtos químicos tóxicos, como tintas, corantes ou produtos de limpeza, deite-os fora de forma adequada. As tintas podem ser recicladas e os óleos podem ser reutilizados após tratamento. A eliminação correta mantém estas substâncias fora dos esgotos pluviais, dos cursos de água e das fossas sépticas.

- *Manter a maquinaria em bom estado de funcionamento:* O petróleo é um dos maiores poluidores de água do mundo. Estima-se que só o transporte de petróleo seja responsável por 0,0001% da contaminação da água por petróleo. Tome medidas para garantir que não está a contribuir para este problema, reparando as fugas de óleo nos automóveis e nas máquinas assim que forem detectadas.

- *Limpe os resíduos e deite fora os óleos usados de forma adequada*: Limpar praias e cursos de água A simples recolha de resíduos e detritos onde quer que sejam detectados pode contribuir muito para manter os detritos e os poluentes fora da água. Faça a sua parte, levando o seu próprio lixo, outros resíduos e tudo o que vir para uma instalação de eliminação próxima.

- *Evitar os plásticos:* Sempre que possível Os sacos de plástico no oceano são um poluente da água bem documentado. Evite que este problema se agrave mudando para sacos de compras reutilizáveis sempre que possível.

- *Seja ativo e participe:* A sensibilização para os problemas é um grande primeiro passo para os combater. Embora as soluções para a poluição da água possam parecer demasiado pequenas e demasiado tardias quando vistas à luz dos grandes derrames de petróleo e das ilhas flutuantes de sacos de plástico, são necessárias para evitar que estes problemas se agravem. O simples facto de abrandar o ritmo da poluição pode dar tempo ao ambiente e aos cientistas para encontrarem soluções a longo prazo para os problemas muito reais da poluição da água.

2) Poluição atmosférica: - A poluição atmosférica pode ser definida como uma alteração da qualidade do ar que pode ser caracterizada por medições de poluentes químicos, biológicos ou físicos no ar.

Causas da poluição atmosférica:- As partículas finas que poluem o nosso ar provêm, na sua maioria, de actividades humanas como a queima de combustíveis fósseis para gerar eletricidade, os transportes, a queima de resíduos, a agricultura - uma importante fonte de metano e amoníaco - e as indústrias química e mineira. As fontes naturais incluem erupções vulcânicas, pulverização marítima, poeira do solo e relâmpagos.
Nos países em desenvolvimento, a dependência da madeira e de outros combustíveis sólidos, como o carvão bruto para cozinhar, aquecer e iluminar, e a utilização de querosene para iluminação, aumentam a poluição do ar nas habitações.

a) Fontes de vizinhança:- Referimo-nos a fontes comuns de poluição atmosférica, tais como veículos, empresas locais, equipamento de aquecimento e refrigeração, lareiras e equipamento de recreio e de estaleiro a gás, como fontes de vizinhança. Estamos frequentemente expostos a estas fontes, por vezes durante períodos prolongados. As emissões totais destes emissores mais pequenos, mas generalizados, são significativamente superiores às de todas as fontes industriais do Estado em conjunto.

b) Fumo de madeira:- Os últimos inquéritos indicam que a queima de madeira em habitações tem vindo a aumentar ao longo do tempo. A maior parte da madeira queimada destina-se ao aquecimento doméstico, mas as fogueiras recreativas são a razão mais comum pela qual as pessoas queimam madeira. A queima de madeira para fins residenciais foi responsável por 55% das emissões diretas de partículas finas do

Minnesota no inventário de emissões mais recente. Enquanto muitas outras fontes de poluição atmosférica estão a diminuir, a poluição estimada pelo fumo da madeira aumentou.

c) Veículos e equipamento pesado: - A nível local e regional, podemos planear a utilização dos solos e dos transportes públicos para que as pessoas possam optar por andar a pé, de bicicleta ou de autocarro ou comboio em vez de conduzir. As emissões dos motores a gasóleo são particularmente preocupantes. Os motores a gasóleo são os cavalos de batalha da nossa economia devido à sua potência, eficiência e longevidade. Mas os veículos e equipamentos a gasóleo mais antigos podem produzir enormes quantidades de poluição atmosférica nociva. Um motor diesel antigo produz mais de 97% de poluição por partículas finas do que os modelos mais recentes - níveis equivalentes a 25 a 30 camiões modernos.

d) Grandes instalações industriais

As grandes instalações com chaminés, como fábricas e centrais eléctricas, têm de cumprir as licenças de poluição atmosférica emitidas pela MPCA. As instalações autorizadas ainda representam 21% do total de emissões no estado, mas conseguiram reduções significativas nos últimos 20 anos, graças em parte ao Clean Air Act.

A Lei de Redução das Emissões de Mercúrio do Minnesota, de 2006, exigiu que as maiores centrais eléctricas a carvão do estado reduzissem as emissões de mercúrio em 90% em relação aos níveis de 2005. Todas as empresas de eletricidade do Minnesota atingiram a conformidade total até 2015. As alterações também trouxeram reduções de 75-80% nas emissões de poluentes formadores de neblina e reduções significativas nos gases com efeito de estufa.

Efeitos da poluição atmosférica:- A poluição atmosférica é a maior ameaça ambiental para a saúde pública a nível mundial e é responsável por cerca de 7 milhões de mortes prematuras por ano. A poluição atmosférica e as alterações climáticas estão intimamente ligadas, uma vez que todos os principais poluentes têm um impacto no clima e a maioria partilha fontes comuns com os gases com efeito de estufa. A melhoria da qualidade do ar trará benefícios para a saúde, o desenvolvimento e o ambiente. **Em 2019,** 99% da população mundial **vivia em locais onde** não eram cumpridos os níveis **mais rigorosos das** diretrizes **da OMS para** a qualidade do ar **em 2021**. Cada vez que respiramos, aspiramos partículas minúsculas que podem danificar os nossos pulmões, corações e cérebros e causar uma série de outros problemas de saúde. As mais perigosas destas partículas, que podem incluir desde fuligem, poeira do solo e sulfatos, são **as partículas finas com 2,5 microns** ou menos de diâmetro - abreviadas como **PM$_{2.5}$** . A poluição atmosférica é uma importante crise de saúde global e causa uma em cada nove mortes em todo o mundo. A exposição às PM$_{2.5}$ reduziu a esperança média de vida global em cerca de um ano em 2019. As doenças mais mortais associadas à poluição atmosférica por PM$_{2.5}$ são o AVC, as doenças cardíacas, as doenças pulmonares, as doenças respiratórias inferiores (como a pneumonia) e o cancro. Níveis elevados de partículas finas também contribuem para outras doenças, como a diabetes, podem prejudicar o desenvolvimento cognitivo das crianças e causar problemas de saúde mental.

Em 2021, em resposta ao aumento da qualidade e da quantidade de provas dos impactos da poluição atmosférica, a OMS actualizou as **diretrizes de qualidade do ar para a** média anual **de** PM$_{2.5}$ **para 5μg/m^3** , o que representa ar puro, uma vez que foram observados poucos impactos abaixo destes níveis. A atualização reduz para metade o anterior nível de orientação de 2005 de 10μg/m^3 . No caminho para esse nível, a agência também estabelece uma série de objectivos provisórios, concentrações de poluentes atmosféricos que servem de trampolim. Destinam-se a zonas onde a poluição atmosférica é elevada, para que os governos dessas zonas possam desenvolver políticas de redução da poluição atmosférica que sejam exequíveis em prazos realistas. A poluição **doméstica**, proveniente sobretudo da cozedura e do aquecimento com biomassa e da produção de eletricidade a partir de combustíveis fósseis para as nossas casas e transportes, é a principal **fonte** de partículas finas **produzidas pelo homem** a nível mundial. **As**

poeiras transportadas pelo vento são também uma fonte importante em zonas de África e da Ásia Ocidental próximas de desertos. Embora a poluição atmosférica seja um problema global, afecta desproporcionadamente as pessoas que vivem nos países em desenvolvimento e, em particular, as mais vulneráveis, como as mulheres, as crianças e os idosos.

Efeitos no ambiente:- A poluição atmosférica tem um impacto importante no processo de evolução das plantas, impedindo em muitos casos a fotossíntese, com consequências graves para a purificação do ar que respiramos. Contribui igualmente para a formação de chuvas ácidas, precipitações atmosféricas sob a forma de chuva, geada, neve ou nevoeiro, que são libertadas durante a combustão de combustíveis fósseis e transformadas pelo contacto com o vapor de água na atmosfera.

Aquecimento global:- Além disso, a poluição atmosférica é um dos principais factores que contribuem para o aquecimento global e as alterações climáticas. De facto, a abundância de dióxido de carbono no ar é uma das causas do efeito de estufa. Normalmente, a presença de gases com efeito de estufa deveria ser benéfica para o planeta, uma vez que absorvem a radiação infravermelha produzida pela superfície da Terra. Mas a concentração excessiva destes gases na atmosfera é a causa das recentes alterações climáticas.

Sobre a saúde humana:- A nossa exposição contínua aos poluentes atmosféricos é responsável pela deterioração da saúde humana. A poluição atmosférica é, de facto, um fator de risco significativo para as condições de saúde humana, causando alergias, doenças respiratórias e cardiovasculares, bem como lesões pulmonares.

Prevenção da poluição atmosférica

Combustíveis renováveis e produção de energia limpa: - A **solução** mais básica **para a poluição do ar** é abandonar os combustíveis fósseis, substituindo-os por energias alternativas como a solar, a eólica e a geotérmica.

Conservação e eficiência energética:- Produzir energia limpa é fundamental. Mas igualmente importante é reduzir o nosso consumo de energia, adoptando hábitos responsáveis e utilizando dispositivos mais eficientes.

Transportes ecológicos: - A transição para veículos eléctricos e **veículos a hidrogénio** e a promoção da mobilidade partilhada (ou seja, partilha de automóveis e transportes públicos) poderão reduzir a poluição atmosférica.

Construção ecológica:- Desde o planeamento até à demolição, a construção ecológica visa criar estruturas ambientalmente responsáveis e eficientes em termos de recursos para reduzir a sua pegada de carbono.

<u>Poluição do solo:-</u>

<u>Causas da poluição do solo:-</u> A causa principal da poluição do solo é frequentemente uma das seguintes:

- Agricultura (utilização excessiva/imprópria de pesticidas)
- Excesso de atividade industrial
- Má gestão ou eliminação ineficaz dos resíduos

Os desafios enfrentados na descontaminação do solo estão intimamente relacionados com a extensão da poluição do solo. Quanto maior for a contaminação, maior será a necessidade de recursos para a descontaminação.

<u>Fontes de poluição do solo</u>

a) Metais pesados:-A presença de metais pesados (como o chumbo e o mercúrio, em concentrações anormalmente elevadas) nos solos pode torná-los altamente tóxicos para os seres humanos. Os metais como o arsénio, o antimónio, o cádmio e o tálio podem ter origem em várias fontes, como as actividades mineiras, as actividades agrícolas, os resíduos electrónicos (e-waste) e os resíduos médicos.

b) Hidrocarbonetos aromáticos policíclicos: - Os hidrocarbonetos aromáticos policíclicos (HAP) são compostos orgânicos que

1. Contêm apenas átomos de carbono e de hidrogénio.
2. Contêm mais do que um anel aromático nas suas estruturas químicas.

Exemplos comuns de HAP incluem o naftaleno, o antraceno e o fenaleno. A exposição a hidrocarbonetos aromáticos policíclicos tem sido associada a várias formas de cancro. Estes compostos orgânicos podem também causar doenças cardiovasculares nos seres humanos. A poluição do solo devido aos HAPs pode ter origem no processamento de coque (carvão), nas emissões de veículos, no fumo de cigarros e na extração de óleo de xisto.

c)Resíduos industriais

A descarga de resíduos industriais nos solos pode resultar em poluição do solo. Alguns poluentes comuns do solo que podem ter origem em resíduos industriais são enumerados a seguir.

- Solventes industriais clorados
- As dioxinas são produzidas no fabrico de pesticidas e na incineração de resíduos.
- Plastificantes/dispersantes
- Bifenilos policlorados (PCB)

A indústria petrolífera produz muitos resíduos de hidrocarbonetos de petróleo. Alguns destes resíduos, como o benzeno e o metilbenzeno, são conhecidos por serem cancerígenos por natureza.

<u>Pesticidas</u>

Os pesticidas são substâncias (ou misturas de substâncias) que são utilizadas para matar ou inibir o crescimento de pragas. Os tipos comuns de pesticidas utilizados na agricultura incluem

- Herbicidas - utilizados para matar/controlar as ervas daninhas e outras plantas indesejáveis.
- Insecticidas - utilizados para matar insectos.
- Fungicidas - utilizados para matar fungos parasitas ou inibir o seu crescimento.

No entanto, a difusão não intencional de pesticidas no ambiente (normalmente conhecida como "deriva de pesticidas") suscita uma série de preocupações ambientais, como a poluição da água e do solo. Alguns contaminantes importantes do solo presentes nos pesticidas são enumerados a seguir.

Herbicidas

- Revistas triplas
- Carbamatos
- Amidas
- Ácidos fenoxialquílicos
- Ácidos alifáticos

Insecticidas

- Organofosfatos
- Hidrocarbonetos clorados
- Compostos que contêm arsénio
- Piretro

Fungicidas

- Compostos contendo mercúrio
- Tiocarbamatos
- Sulfato de cobre

Estes produtos químicos representam vários riscos para a saúde humana. Exemplos de riscos para a saúde relacionados com os pesticidas incluem doenças do sistema nervoso central, doenças do sistema imunitário, cancro e defeitos de nascença.

<u>Efeitos da poluição do solo</u>

<u>Efeitos nos seres humanos</u>

Os contaminantes do solo podem existir nas três fases (sólida, líquida e gasosa). Por conseguinte, estes contaminantes podem entrar no corpo humano através de vários canais, como o contacto direto com a pele ou através da inalação de poeiras contaminadas do solo.

Os efeitos a curto prazo da exposição humana a solos poluídos incluem

- Dores de cabeça, náuseas e vómitos.
- Tosse, dor no peito e respiração ofegante.
- Irritação da pele e dos olhos.
- Fadiga e fraqueza.

Uma variedade de doenças de longa duração tem sido associada à poluição do solo. Algumas dessas doenças são enumeradas a seguir.

- A exposição a níveis elevados de chumbo pode resultar em danos permanentes no sistema nervoso. As crianças são particularmente vulneráveis ao chumbo.
- Depressão do SNC (Sistema Nervoso Central).
- Danos em órgãos vitais como os rins e o fígado.
- Maior risco de desenvolver cancro.

É de notar que muitos poluentes do solo, como os hidrocarbonetos de petróleo e os solventes industriais, têm sido associados a doenças congénitas nos seres humanos. Assim, a poluição do solo pode ter vários efeitos negativos na saúde humana.

Efeitos nas plantas e nos animais

Uma vez que a poluição do solo é frequentemente acompanhada por uma diminuição da disponibilidade de nutrientes, a vida vegetal deixa de se desenvolver nesses solos. Os solos contaminados com alumínio inorgânico podem revelar-se tóxicos para as plantas. Além disso, este tipo de poluição aumenta frequentemente a salinidade do solo, tornando-o inóspito para o crescimento da vida vegetal.

As plantas que crescem em solos poluídos podem acumular elevadas concentrações de poluentes do solo através de um processo conhecido como bioacumulação. Quando estas plantas são consumidas por herbívoros, todos os poluentes acumulados são transferidos para a cadeia alimentar. Isto pode resultar na perda/extinção de muitas espécies animais desejáveis. Além disso, estes poluentes podem eventualmente chegar ao topo da cadeia alimentar e manifestar-se como doenças nos seres humanos.

Efeitos no ecossistema

- Uma vez que os contaminantes voláteis presentes no solo podem ser transportados para a atmosfera pelos ventos ou infiltrar-se nas reservas de água subterrâneas, a poluição do solo pode contribuir diretamente para a poluição do ar e da água.
- Pode também contribuir para as chuvas ácidas (ao libertar grandes quantidades de amoníaco na atmosfera).
- Os solos ácidos são inóspitos para vários microrganismos que melhoram a textura do solo e ajudam na decomposição da matéria orgânica. Assim, os efeitos negativos da poluição do solo também afectam a sua qualidade e textura.
- O rendimento das culturas é grandemente afetado por esta forma de poluição. Na China, mais de 12 milhões de toneladas de cereais (no valor aproximado de 2,6 mil milhões de dólares) são considerados impróprios para consumo humano devido à

contaminação por metais pesados (de acordo com estudos efectuados pelo China Dialogue).

Prevenção da poluição do solo Transporte direto de resíduos inutilizáveis e não recicláveis de zonas industriais e domésticas para locais desabitados

1. Supervisão rigorosa e mecanismo regulamentar para controlar a poluição do solo pelas fábricas
2. Limpeza de solos poluídos através de métodos como a remediação térmica (vaporização e posterior extração dos contaminantes)
3. Evitar a deposição de resíduos a céu aberto.
4. Redução da dependência de pesticidas e fertilizantes na agricultura
5. Incentivo ativo à agricultura biológica
6. Controlos constantes da qualidade dos solos pelo serviço de agricultura
7. Investigação sobre a vida selvagem perto de campos agrícolas de grande escala para estudar o impacto da poluição do solo
8. Confinamento do solo através da cobertura/pavimentação da área para impedir a conversão em formas gasosas
9. Florestação para reduzir a erosão dos solos

Poluição sonora:- O ruído é o som desagradável e indesejável que provoca desconforto no ser humano. **A intensidade do som é medida em decibéis (dB).**

Causas da poluição sonora:- Seguem-se as causas e as fontes da poluição sonora:

- **Industrialização:** A industrialização conduziu a um aumento da poluição sonora devido à utilização de maquinaria pesada,

como geradores, moinhos e enormes exaustores, o que resulta
na produção de ruído indesejado.

- **Veículos:** O aumento do número de veículos nas estradas é a
segunda razão para a poluição sonora.
- **Eventos:** Casamentos, reuniões públicas envolvem altifalantes
para tocar música, o que resulta na produção de ruído
indesejado na vizinhança.
- **Estaleiros de construção:** A exploração mineira, a construção
de edifícios, etc., contribuem para a poluição sonora.

Eis alguns exemplos de poluição sonora:

- Utilização desnecessária de cornos
- Utilização de altifalantes para funções religiosas ou para fins
políticos
- Utilização desnecessária de fogo de artifício
- Ruído industrial
- Ruído de construção
- Ruído dos transportes, como os caminhos-de-ferro e os aviões

Efeitos da poluição sonora

A poluição sonora pode ser perigosa para a saúde humana das seguintes
formas:

- **Hipertensão:** É um resultado direto da poluição sonora que é
causada por níveis sanguíneos elevados durante um período mais
longo.
- **Perda de audição:** A exposição constante dos ouvidos humanos
a ruídos fortes que ultrapassam a gama de sons que os ouvidos
humanos podem suportar danifica os tímpanos, resultando na
perda de audição.
- **Perturbações do sono:** A falta de sono pode resultar em fadiga
e baixo nível de energia ao longo do dia, afectando as actividades

diárias. A poluição sonora prejudica os ciclos de sono, provocando irritação e um estado de espírito incómodo.

- **Problemas cardiovasculares:** Os problemas relacionados com o coração, como o nível de tensão arterial, o stress e as doenças cardiovasculares, podem surgir numa pessoa normal e uma pessoa que sofra de qualquer uma destas doenças pode sentir um aumento súbito do nível.

Prevenção da poluição sonora

Algumas medidas de prevenção da poluição sonora são apresentadas nos pontos que se seguem.

- É necessário proibir o uso de buzinas em locais públicos, como institutos de ensino, hospitais, etc.
- Nos edifícios comerciais, hospitalares e industriais, devem ser instalados sistemas de insonorização adequados.
- O som dos instrumentos musicais deve ser controlado até aos limites desejáveis.
- A cobertura arbórea densa é útil na prevenção da poluição sonora.
- Os explosivos não devem ser utilizados em zonas florestais, montanhosas e mineiras.

Riscos nucleares:- Envolvem a libertação acidental ou intencional de materiais radioactivos potencialmente nocivos provenientes da fissão ou fusão nuclear, tais como os associados a centrais eléctricas, reactores de investigação ou armas nucleares.

Causas dos riscos nucleares

1) *Fontes naturais*: Radiação solar, radionuclídeos na crosta terrestre, radiação interna humana, radiações ambientais.

2) *Fontes antropogénicas*: As fontes destes resíduos incluem :

a) Ensaio ou detonação de armas nucleares.

b) O ciclo do combustível nuclear, incluindo a extração, separação e produção de materiais nucleares para utilização em centrais nucleares ou bombas nucleares.

(c) Libertação acidental de materiais radioactivos de centrais nucleares.

<u>Tipos de resíduos radioactivos</u>:

a) *Os resíduos de fraco nível radioativo* (LLW) são gerados em hospitais e na indústria, bem como no ciclo do combustível nuclear. São constituídos por papel, trapos, ferramentas, vestuário, filtros, etc., que contêm pequenas quantidades de radioatividade, na sua maioria de curta duração. Não necessita de proteção durante o manuseamento e o transporte e é adequado para o enterramento superficial em terra. Para reduzir o seu volume, é frequentemente compactado ou incinerado antes da eliminação.

b) *Os resíduos de nível intermédio* (ILW) contêm quantidades mais elevadas de radioatividade e alguns requerem blindagem. São normalmente constituídos por resinas, lamas químicas e revestimentos metálicos de combustível, bem como por materiais contaminados provenientes da desativação de reactores. Podem ser solidificados em betão ou betume para eliminação. Em geral, os resíduos de curta duração (principalmente os provenientes de reactores) são enterrados num depósito pouco profundo, enquanto os resíduos de longa duração (provenientes do reprocessamento de combustível) são eliminados em profundidade.

c) *Os resíduos transurânicos* provêm principalmente da produção de armas e são constituídos por vestuário, ferramentas, trapos, resíduos, detritos e outros artigos semelhantes contaminados com pequenas quantidades de elementos radioactivos - principalmente plutónio. Estes elementos têm um número atómico superior ao do urânio - portanto, transurânicos (para além do urânio). Devido às longas meias-vidas destes elementos, estes resíduos não são eliminados como resíduos de fraco nível radioativo ou de nível intermédio. Não têm a radioatividade muito elevada dos resíduos de alto nível, nem a sua elevada produção de calor. Atualmente, os Estados Unidos procedem à eliminação permanente dos resíduos transurânicos na Central Piloto de Isolamento de Resíduos.

d) *Os resíduos de alto nível* (HLW) resultam da utilização de combustível de urânio num reator nuclear e do processamento de armas nucleares. Contêm os produtos de cisão e os elementos transurânicos gerados no núcleo do reator. É altamente radioativo e quente. Pode ser considerada a "cinza" da "queima" do urânio. Os resíduos sólidos urbanos representam mais de 95% da radioatividade total produzida no processo de produção de eletricidade nuclear.

<u>Efeitos dos resíduos nucleares</u>:- Provocam vários tipos de poluição como

a)Poluição dos solos

b)Poluição da água

Nestas duas poluições, os riscos de poluição entram finalmente na cadeia alimentar do ser humano, que é a vítima final da poluição radioactiva, uma vez que se encontra no fim de todas as reacções e interações.

O efeito da poluição radioactiva depende de

a) Meia-vida

b) Capacidade de libertação de energia

c) Taxa de difusão

d) Taxa de deposição do contaminante.

e) Várias condições atmosféricas e climáticas, como o vento, a
temperatura e a precipitação, também determinam os seus efeitos.

*Os possíveis efeitos gerais dos resíduos radioactivos são classificados
em*

1) Efeito somático : - Aparece no interior do indivíduo e desaparece
com a morte do mesmo. Efeitos imediatos: Anemia, redução da
resposta imunitária, hemorragia, queimaduras na pele, úlceras na boca,
danos no SNC Efeitos tardios: Cataratas oculares, leucemia, doenças
cardiovasculares, envelhecimento prematuro, redução do tempo de
vida, redução da fertilidade.

2) Efeito genético: - A radiação afecta os genes das células gaméticas.
As alterações não são visíveis no indivíduo. Os efeitos são exibidos
pela descendência e nas gerações seguintes. Afectam o ADN, a
replicação do ARN e os cromossomas.

Provoca:- a) Mutação b) Aberrações cromossómicas c) Fragmentação
cromossómica d) Inibição da síntese de ARN e ADN

Controlo da poluição radioactiva:- O principal objetivo da gestão e
eliminação dos resíduos radioactivos (ou outros) é proteger as pessoas
e o ambiente. Isto significa isolar ou diluir os resíduos de modo a que a
taxa ou concentração de quaisquer radionuclídeos devolvidos à biosfera
seja inofensiva. Para o conseguir, no caso dos resíduos mais perigosos,
a tecnologia preferida até à data tem sido o enterramento profundo e
seguro.

Foi também sugerida a transmutação, o armazenamento recuperável a
longo prazo e a remoção para o espaço. - Os engenhos nucleares nunca
devem ser explodidos no ar. Se estas actividades forem extremamente
necessárias, devem ser explodidos no subsolo.

- Nas reacções nucleares, pode ser utilizado um sistema de arrefecimento de ciclo fechado com refrigerantes gasosos de pureza muito elevada para evitar produtos de ativação estranhos.

- Nas indústrias nuclear e química, a utilização de radioisótopos pode ser efectuada sob um conjunto de solo ou água em vez de energia ou formas gasosas.

- Nas minas nucleares, a perfuração a húmido pode ser utilizada ao longo da drenagem subterrânea.

- Os reactores nucleares devem ser encerrados em amplas paredes de betão para evitar as radiações que saem.

- Os trabalhadores devem usar vestuário de proteção e os óculos de vidro devem ser protegidos contra a radiação.

- A eliminação de resíduos industriais contaminados com radionuclídeos deve ser efectuada com extremo cuidado. As barras de desgaste são muito radioactivas, contendo cerca de 1% de U 235 e 1% de plutónio.

Resíduos sólidos:- Os resíduos sólidos são os materiais sólidos não desejados ou inúteis gerados pelas actividades humanas em áreas residenciais, industriais ou comerciais.

Fontes de resíduos sólidos

- Lixo doméstico sólido.
- Resíduos sólidos de várias indústrias.
- Resíduos sólidos agrícolas.
- Plásticos, vidro, metais, resíduos electrónicos, etc.
- Resíduos hospitalares.
- Resíduos de construção, lamas de depuração

Eliminação de resíduos

O processo de tratamento e eliminação de resíduos varia consoante os países. Na Índia, os processos diferem consoante a origem dos resíduos sólidos. Podem ser classificados como:

a)Resíduos sólidos urbanos b)Resíduos sólidos perigosos.

Os resíduos sólidos urbanos podem ainda ser divididos em resíduos domésticos biodegradáveis, recicláveis e perigosos. Os resíduos biodegradáveis incluem alimentos podres, cascas de vegetais e, na sua maioria, resíduos húmidos de cozinha. Os resíduos recicláveis incluem o plástico e os resíduos perigosos incluem lâmpadas, pilhas, etc.

Os resíduos industriais das fábricas de produtos químicos e os resíduos médicos dos hospitais são considerados resíduos sólidos perigosos e necessitam de instalações especiais para serem eliminados.

Em qualquer região, a gestão dos resíduos sólidos é muito importante para a eliminação segura dos resíduos e para reduzir a poluição ambiental e evitar quaisquer riscos para a saúde que esta possa causar.

Os aterros sanitários são o método mais comum de eliminação de resíduos sólidos. Os aterros modernos são concebidos tendo em conta vários factores ambientais e tipos de resíduos, de modo a minimizar a poluição e os riscos para a saúde.

Efeitos da má gestão dos resíduos sólidos:-

a) Devido à eliminação incorrecta dos resíduos sólidos, especialmente por parte das organizações de gestão de resíduos, os resíduos recolhidos amontoam-se e tornam-se um problema para o ambiente e também para o público.

b) A deposição de grandes quantidades de lixo faz com que os materiais biodegradáveis se decomponham e se decomponham em condições anormais, não controladas e não higiénicas. Após alguns dias de decomposição, torna-se um terreno fértil para diferentes tipos de insectos causadores de doenças, bem como para organismos infecciosos. Produz-se um cheiro desagradável e também prejudica o valor estético da área.

c) Os resíduos sólidos recolhidos de diferentes indústrias incluem metais tóxicos, produtos químicos e outros resíduos perigosos. Quando estes resíduos são libertados no ambiente, podem produzir problemas biológicos e físico-químicos no ambiente, os produtos químicos podem escoar para o solo e poluir as águas subterrâneas e também alterar a produtividade dos solos nessa área específica.

d) Em casos raros, os resíduos perigosos podem misturar-se com o lixo comum e outros resíduos combustíveis, tornando o processo de eliminação ainda mais difícil e arriscado.

e) Ao queimar o papel e outros resíduos juntamente com os resíduos perigosos, são produzidas dioxinas e gases venenosos que são libertados para a atmosfera, o que provoca várias doenças, incluindo doenças crónicas, infecções cutâneas, cancro, etc.

CAPÍTULO 11: ÉTICA AMBIENTAL

As questões da ética ambiental são momentosas, vivas e forçadas; isto é, estas questões envolvem escolhas morais de enorme importância que os seres humanos podem fazer. A responsabilidade moral do homem para com a natureza e para com o futuro é de uma importância e urgência sem precedentes, e é uma responsabilidade a que não se pode fugir. Um dos problemas mais graves do movimento ambientalista atual é o facto de a sua posição moral estar mal articulada e defendida. A ética ambiental inclui questões como:

- Se apenas as pessoas "importam" aqui, porquê preocupar-se com a natureza "por si mesma"?
- Quando as paisagens ou as espécies e as zonas de natureza selvagem o que, de valor para a humanidade se forem destruídas,
- Os seres humanos têm uma necessidade da natureza que implica uma obrigação de a preservar? Quais são as provas deste facto?
- O que nós "tirámos do ambiente", as gerações futuras poderão "sentir a sua falta"?
- Quais são os fundamentos últimos de uma afirmação de proteção do ambiente? São racionais? Irracionais
- Será que a geração futura tem o "direito" de dispor de um ambiente limpo e natural quando chegar a sua hora?
- Os factos da ciência ambiental têm implicações morais?
- Os seres humanos são mental e psicologicamente capazes de cuidar das gerações futuras e da natureza?

Possíveis soluções para os problemas

Existem cinco abordagens diferentes para a gestão das questões ambientais.

- Gerir a regulamentação ambiental. Isto inclui investir na proteção do ambiente e forçar outras empresas a fazer investimentos semelhantes.
- Investir em processos ou produtos que respeitem o ambiente.
- Investir na melhoria do desempenho ambiental, sem aumentar os custos.
- Combinação dos três métodos acima referidos para alterar a base da concorrência e redefinir o mercado, de modo a que tanto a empresa como o ambiente possam beneficiar.
- Analisar as questões ambientais numa perspetiva de gestão dos riscos. Isto implica a criação de sistemas e processos para prevenir ou minimizar as possibilidades de acidentes e lidar eficazmente com eles quando ocorrem.

Necessidade de sensibilização do público para a gestão do ambiente

É muito importante sensibilizar o público para as consequências mortais da degradação ambiental, uma vez que esta conduzirá à extinção maciça da vida se não for tratada e se não forem adoptadas medidas de reforma. Estamos a enfrentar vários desafios ambientais que têm de ser enfrentados com rigor para um crescimento e desenvolvimento sustentáveis. É necessário adotar uma abordagem ecológica em todas as nações para fazer face às ameaças colocadas em nome da industrialização e do desenvolvimento. Os recursos naturais são limitados no mundo.

Dependemos dos ecossistemas naturais para os produtos obtidos das florestas, dos prados, dos oceanos e da agricultura e pecuária, bem como da água, do ar, do solo, dos minerais, do petróleo, etc., que são parte indispensável dos nossos sistemas de suporte de vida. A vida seria impossível sem estas substâncias. O aumento da população exerce pressão sobre estes recursos naturais limitados. A Terra não consegue sustentar a procura crescente de recursos. Além disso, a má utilização dos recursos é outro fator que contribui para a deterioração do ambiente. O desperdício e a poluição dos recursos hídricos, a produção de materiais não biodegradáveis como o plástico, os resíduos electrónicos não recicláveis e os resíduos nucleares são outras ameaças graves. Os processos de fabrico geram resíduos sólidos, produtos químicos e gases que poluem o ambiente.

O aumento alarmante da produção de resíduos não pode ser gerido por processos naturais, uma vez que a maioria dos resíduos sintéticos não é biodegradável. Estes continuam a acumular-se no nosso ambiente, provocando uma série de doenças e outros efeitos ambientais adversos que afectam seriamente as nossas vidas. A poluição do ar conduz a doenças respiratórias crónicas, a poluição da água a doenças gastrointestinais e sabe-se que muitos poluentes tóxicos causam cancro. Esta situação alarmante só pode ser resolvida através de iniciativas tomadas diariamente por cada um dos indivíduos no sentido de preservar os recursos ambientais. Nem o governo sozinho pode gerir e salvaguardar o ambiente, nem um grupo de ambientalistas pode impedir a degradação ambiental. A sensibilização só pode ser feita para criar auto-responsabilidade. Por conseguinte, os esforços a nível individual podem conduzir a um desenvolvimento sustentável.

CAPÍTULO 12: GESTÃO DE CATÁSTROFES

Medir os impactos das catástrofes naturais e provocadas pelo homem nas dimensões social, ambiental e económica é crucial para compreender toda a sua extensão e formular respostas eficazes. Eis como cada um destes impactos pode ser avaliado:

Impactos sociais

1. Baixas humanas e ferimentos: Quantificação do número de mortos e feridos causados pela catástrofe.
2. Deslocação: Avaliar o número de pessoas deslocadas das suas casas e comunidades.
3. Impactos na saúde: Avaliação dos efeitos na saúde a curto e longo prazo, tais como doenças, traumas e impactos psicológicos.
4. Perturbação social: Medição das perturbações das estruturas sociais, incluindo a educação, a coesão da comunidade e o património cultural.
5. Acesso aos serviços: Análise das perturbações nos serviços essenciais, como os cuidados de saúde, a água e o saneamento.

Impactos ambientais

1. Danos nos ecossistemas: Avaliação dos danos causados aos ecossistemas, habitats e biodiversidade.
2. Poluição: Medição da contaminação do ar, da água e do solo devido a materiais perigosos libertados durante a catástrofe.
3. Esgotamento de recursos naturais: Quantificar o esgotamento ou a degradação de recursos naturais como florestas, pescas e terras agrícolas.
4. Implicações das alterações climáticas: Compreender quaisquer contribuições para as alterações climáticas através de emissões, desflorestação ou outras alterações ambientais.

Impactos económicos

1. Danos em infra-estruturas: Estimativa do custo dos danos em infra-estruturas físicas, tais como edifícios, estradas e serviços públicos.
2. Perda de produtividade: Medição do impacto económico em sectores como a agricultura, a indústria e os serviços.
3. Custos de resposta a emergências: Cálculo das despesas associadas aos esforços de resposta imediata e às operações de socorro.
4. Custos de recuperação a longo prazo: Avaliação das necessidades financeiras para a reconstrução e reabilitação a longo prazo.
5. Impacto nos meios de subsistência: Avaliar o efeito sobre os meios de subsistência, incluindo as perdas de rendimento e as perturbações do emprego.

Técnicas de medição

1. Avaliação de danos e perdas: Realização de inquéritos e avaliações no terreno para quantificar os danos físicos e as perdas económicas.
2. Análise de risco: Utilização de modelos e cenários para prever potenciais impactos e dar prioridade a medidas de mitigação.
3. Deteção remota e GIS: Utilização de imagens de satélite e de sistemas de informação geográfica para cartografar e monitorizar as alterações ambientais.
4. Inquéritos e estudos sociais: Recolha de dados através de inquéritos, entrevistas e avaliações participativas para compreender os impactos sociais.
5. Análise Custo-Benefício: Avaliar os custos das medidas preventivas em relação às perdas potenciais para informar as decisões políticas e de investimento.

Desertificação e seca

A seca é caracterizada por períodos prolongados de precipitação abaixo da média, levando à escassez de água e a impactos na disponibilidade de água, na agricultura, nos ecossistemas e nas comunidades. Agrava frequentemente outros riscos, como os incêndios florestais e as ondas de calor, e prevê-se que a sua gravidade aumente com as alterações climáticas.

Importância dos sistemas de alerta precoce em caso de seca

1. Informação atempada: Os sistemas de alerta precoce fornecem informações cruciais sobre as condições de seca actuais e potenciais. Estas informações incluem dados meteorológicos, indicadores hidrológicos e informações de teledeteção.
2. Avaliação de riscos e preparação: Ao monitorizar indicadores como os padrões de precipitação, os níveis de humidade do solo e a capacidade dos reservatórios de água, os sistemas de alerta precoce avaliam a probabilidade e a gravidade das condições de seca. Isto permite às autoridades e às comunidades avaliarem os riscos e prepararem-se em conformidade.
3. Facilitar as respostas rápidas: Os alertas precoces permitem respostas proactivas em sectores-chave como a agricultura, a gestão dos recursos hídricos e o planeamento de catástrofes:
    o Agricultura: Os agricultores podem ajustar os calendários de plantação, as práticas de irrigação e as escolhas de culturas com base nas condições de seca previstas.
    o Gestão dos recursos hídricos: As autoridades podem implementar medidas de conservação da água, ajustar a atribuição de água e planear fontes de água alternativas.
    o Planeamento de catástrofes: Os governos e as comunidades podem preparar-se para potenciais impactos na segurança alimentar, na saúde pública e nas infra-estruturas.
4. Minimizar as perdas socioeconómicas: Uma atuação precoce ajuda a atenuar os impactos económicos e sociais da seca:

- o Proteção dos meios de subsistência: As respostas rápidas podem proteger os meios de subsistência dependentes da agricultura e dos recursos hídricos.
  - o Reduzir a insegurança alimentar: A preparação para a seca ajuda a garantir a segurança alimentar, minimizando as perdas de colheitas e assegurando um abastecimento de água adequado.
  - o Resiliência das infra-estruturas: O planeamento atempado permite ajustamentos das infra-estruturas para fazer face à escassez de água e aos riscos associados.
5. Construir a Resiliência da Comunidade: Os sistemas de alerta precoce contribuem para a criação de resiliência ao nível da comunidade, fomentando a preparação, aumentando a consciencialização e promovendo estratégias de adaptação.

Componentes dos sistemas de alerta rápido em caso de seca

1. Monitorização e recolha de dados: Monitorização contínua de parâmetros meteorológicos, hidrológicos e agrícolas.
2. Análise e previsão: Utilização de técnicas avançadas de modelação e previsão para prever o início, a gravidade e a duração da seca.
3. Comunicação e divulgação: Comunicação efectiva dos alertas precoces às partes interessadas, incluindo governos, comunidades e organizações relevantes.
4. Planeamento da resposta: Preparação de planos de resposta que descrevem as acções a tomar com base nas condições de seca previstas.

Inundações

As inundações estão entre as catástrofes naturais mais devastadoras. Constituem uma ameaça para as vidas humanas, deslocando frequentemente comunidades e causando milhares de milhões de euros de prejuízos económicos em todo o mundo. As inundações são, de facto, catástrofes naturais significativas que podem causar danos consideráveis às comunidades e aos ecossistemas. Eis um olhar abrangente sobre os seus impactos e considerações para os gerir:

Tipos e causas das inundações

1. Inundações de inundação: Desenvolvem-se gradualmente ao longo de horas ou dias, normalmente devido à precipitação prolongada ou ao degelo, fazendo com que os rios e ribeiros transbordem as suas margens.
2. Cheias repentinas: Inundações súbitas e rápidas que ocorrem no espaço de minutos a horas, frequentemente desencadeadas por precipitação intensa, rupturas de barragens ou derretimento rápido da neve. Representam um risco particular devido ao seu início inesperado e às rápidas correntes de água.

Influência humana e vulnerabilidade

1. Urbanização: O desenvolvimento em áreas propensas a inundações aumenta a vulnerabilidade, uma vez que as superfícies impermeáveis, como o pavimento, reduzem a drenagem natural.
2. Desflorestação: A perda de vegetação natural reduz a capacidade de absorção do solo e aumenta o escoamento durante as chuvas fortes.
3. Infra-estruturas: A má conceção ou manutenção dos sistemas de drenagem pode agravar as inundações nas zonas urbanas.

Impacto das alterações climáticas

1. Aumento da frequência e da gravidade: Prevê-se que as alterações climáticas intensifiquem os padrões de precipitação,

conduzindo a inundações mais frequentes e graves a nível mundial.

2. Subida do nível do mar: As inundações costeiras são agravadas pela subida do nível do mar, ameaçando as zonas baixas e as comunidades costeiras.

Impactos das inundações

1. Saúde e segurança humana: As águas das cheias podem representar riscos para a saúde através de contaminação, afogamentos e ferimentos durante a evacuação.
2. Danos nas infra-estruturas: Estradas, pontes, edifícios e serviços públicos podem ser danificados ou destruídos, perturbando a vida quotidiana e os esforços de resposta a emergências.
3. Perdas económicas: Os danos materiais, a perda de colheitas, de gado e de empresas podem resultar em impactos económicos significativos.
4. Danos ambientais: A erosão, a sedimentação e a contaminação das massas de água afectam os ecossistemas e a biodiversidade.

Estratégias de gestão e atenuação

1. Sistemas de alerta precoce: Monitorização da precipitação, dos níveis dos rios e das previsões meteorológicas para fornecer alertas atempados às comunidades em risco.
2. Cartografia de planícies aluviais: Identificação de áreas propensas a inundações para informar o planeamento do uso da terra e os regulamentos de desenvolvimento.
3. Melhorias nas infra-estruturas: Construção de infra-estruturas resistentes, como diques, paredes de inundação e sistemas de drenagem, para atenuar os impactos das inundações.
4. Preparação da comunidade: Educar e preparar as comunidades através de simulacros de inundação, planos de emergência e campanhas de sensibilização do público.

Cooperação internacional

1. Redução de riscos: Esforços de colaboração entre países para partilhar dados, tecnologias e melhores práticas na gestão das inundações.
2. Estratégias de adaptação: Desenvolvimento de estratégias de adaptação à alteração dos riscos de inundação e reforço da capacidade de resistência das comunidades vulneráveis.

Incêndios:- Os incêndios florestais estão a tornar-se cada vez mais uma preocupação crítica em todo o mundo, exacerbada tanto pelas alterações climáticas como pelas actividades humanas, tais como práticas inadequadas de gestão de combustíveis. Aqui está uma exploração dos factores que contribuem para a escalada dos riscos e estratégias de mitigação:

Impacto das alterações climáticas nos incêndios florestais

1. Aumento da temperatura e da seca: O aumento das temperaturas e a alteração dos padrões de precipitação contribuem para condições mais secas, criando ambientes mais favoráveis à ignição e propagação dos incêndios.
2. Prolongamento da época de incêndios: Períodos mais longos de temperaturas elevadas e humidade reduzida prolongam a época de incêndios, aumentando a probabilidade de ocorrência e propagação de incêndios.

Gestão de combustíveis e risco de incêndio

1. Acumulação de material combustível: A vegetação morta, os ramos caídos e os arbustos cobertos de vegetação rasteira servem de combustível para os incêndios. Sem uma gestão adequada, estes materiais acumulam-se e aumentam a intensidade e a propagação do fogo.
2. Interface urbana: O desenvolvimento próximo de áreas florestais (interface urbano-florestal) pode aumentar o risco de incêndio devido às actividades humanas e à proximidade de materiais inflamáveis das florestas.

Estratégias de atenuação e gestão

1. Redução de combustível: Implementação de práticas de gestão de combustível, tais como queimadas controladas, desbaste seletivo da vegetação e remoção mecânica de detritos para reduzir as cargas de combustível.
2. Envolvimento da comunidade: Educar as comunidades sobre prevenção de incêndios, procedimentos de evacuação e práticas seguras para viver em áreas propensas a incêndios.
3. Deteção precoce e resposta rápida: Melhorar os sistemas de monitorização para a deteção precoce de incêndios e melhorar as capacidades de combate a incêndios para responder de forma rápida e eficaz.
4. Política e regulamentação: Aplicação de regulamentos de planeamento do uso do solo para limitar o desenvolvimento em áreas de alto risco de incêndio e promoção de práticas de construção resilientes.

Avanços tecnológicos e de investigação

1. Deteção remota e GIS: Utilização de dados de satélite e de sistemas de informação geográfica (SIG) para a monitorização em tempo real dos riscos e impactos dos incêndios.
2. Modelação do comportamento do fogo: Desenvolvimento de modelos para prever o comportamento do fogo em diferentes cenários, ajudando no planeamento e nas estratégias de resposta.
3. Estratégias de adaptação ao clima: Incorporar as projecções das alterações climáticas nos planos de gestão florestal para antecipar os riscos futuros de incêndio e adaptar as estratégias em conformidade.

Cooperação internacional e partilha de conhecimentos

1. Colaboração global: Partilha de conhecimentos, tecnologias e melhores práticas entre países que enfrentam desafios

semelhantes em matéria de incêndios para melhorar as capacidades de preparação e resposta.
2. Investigação e inovação: Investir na investigação sobre ecologia do fogo, interações clima-fogo e práticas de gestão florestal sustentável para desenvolver soluções inovadoras.

Os departamentos florestais estatais evoluíram significativamente as suas práticas para gerir os incêndios florestais de forma mais eficaz, tirando partido das tecnologias modernas e do envolvimento da comunidade. Eis algumas das principais práticas modernas adoptadas pelos departamentos florestais estatais:

1. Sistema de alerta de incêndio

- Tecnologia geoespacial: A Forest Survey of India (FSI) desenvolveu um sistema de alerta de incêndios utilizando dados de satélite. Os pontos de incêndio detectados por satélites são transmitidos aos funcionários florestais através de telemóveis e e-mails em tempo real. Isto permite uma resposta e ação rápidas por parte do departamento florestal.

2. Esquadrões móveis

- Patrulhamento intensivo: Durante a época de incêndios, os departamentos florestais estatais destacam esquadrões móveis equipados com veículos. Estes esquadrões patrulham intensivamente as áreas florestais para detetar precocemente os incêndios. Estão também preparados para mobilizar rapidamente mão de obra das aldeias vizinhas para o local do incêndio.

3. Utilização de um soprador de folhas

- Técnica de controlo do fogo: Os sopradores de folhas são utilizados para criar corta-fogos, limpando faixas de vegetação antes do avanço dos incêndios. Ao remover o lixo e os materiais combustíveis, como folhas e galhos caídos, é possível travar eficazmente a propagação dos incêndios. Os sopradores de folhas são portáteis e funcionam com gasolina ou gasóleo, o que os torna ferramentas versáteis na gestão dos incêndios.

4. Dispositivos de comunicação

- Comunicação sem fios: A comunicação eficaz é crucial para coordenar os esforços de resposta a incêndios. Os departamentos florestais utilizam sistemas de comunicação sem fios, especialmente em áreas protegidas, para transmitir prontamente os incidentes de incêndio às salas de controlo. Isto assegura a rápida deslocação de pessoal para conter e extinguir os incêndios.

5. Participação comunitária

- Gestão conjunta das florestas (JFM): Os departamentos florestais envolvem ativamente as comunidades locais através de comités de GFM. Estes comités, tais como os Comités Mistos de Gestão e Proteção das Florestas (JFMPC), colaboram com os funcionários florestais nas tarefas de proteção e gestão das florestas. Desempenham um papel vital em:
  - Prevenção de incêndios: Colocação de vigilantes contra incêndios e organização de programas de sensibilização para a prevenção de incêndios.
  - Supressão de incêndios: Mobilização dos aldeões durante os incidentes de incêndio para ajudar nos esforços de combate aos incêndios.

Benefícios e impacto

- Tempo de resposta melhorado: Os alertas de incêndio em tempo real e os esquadrões móveis garantem uma resposta mais rápida aos incêndios, minimizando a sua propagação e danos.

- Melhoria da coordenação: A utilização de dispositivos de comunicação facilita uma melhor coordenação entre o pessoal no terreno, as salas de controlo e as comunidades locais.
- Controlo eficaz de incêndios: Técnicas como os sopradores de folhas ajudam a criar corta-fogos, travando o avanço dos incêndios e protegendo os valiosos recursos florestais.
- Envolvimento da comunidade: Os comités JFM fomentam a apropriação da gestão florestal pela comunidade, promovendo práticas sustentáveis e aumentando a resistência contra os incêndios florestais.

Terramoto:- Terramoto, qualquer abalo súbito do solo causado pela passagem de ondas sísmicas através das rochas da terra. As ondas sísmicas são produzidas quando alguma forma de energia armazenada na crosta terrestre é subitamente libertada, normalmente quando massas de rocha que se esticam umas contra as outras se fracturam subitamente e "escorregam". Os sismos ocorrem mais frequentemente ao longo de falhas geológicas, zonas estreitas onde as massas rochosas se deslocam umas em relação às outras. As principais linhas de falha do mundo estão localizadas nas margens das enormes placas tectónicas que constituem a crosta terrestre.

Causas dos terramotos

Os grandes sismos da Terra ocorrem principalmente em cinturas que coincidem com as margens das placas tectónicas. Em suma, os sismos são fenómenos geológicos resultantes do movimento das placas tectónicas da Terra. Eis uma análise pormenorizada das causas e dos mecanismos que estão na origem dos sismos:

Movimentos das placas tectónicas

1. Tipos de limites de placas:
    - Limites convergentes: As placas deslocam-se umas em direção às outras. Uma placa pode ser forçada a passar por

baixo de outra (subducção), criando sismos profundos, ou podem colidir, causando intensa atividade sísmica.
  - o Limites divergentes: As placas afastam-se, criando nova crosta à medida que o magma sobe para preencher o espaço. Os terramotos aqui são geralmente menos intensos, mas podem ocorrer.
  - o Transformar limites: As placas deslizam horizontalmente umas sobre as outras, provocando sismos pouco profundos ao longo das falhas.

Falhas e acumulação de tensões

1. Falhas: São fracturas na crosta terrestre onde ocorre movimento. Existem diferentes tipos de falhas, incluindo:
   - o Falhas normais: Quando um bloco de rocha se desloca para baixo em relação ao outro.
   - o Falhas Inversas: Quando um bloco se desloca para cima em relação ao outro.
   - o Falhas de deslizamento: Onde os blocos se deslocam horizontalmente uns sobre os outros.
2. Acumulação de tensões: Os movimentos das placas tectónicas provocam a acumulação de tensões ao longo das falhas. Esta tensão acumula-se ao longo do tempo à medida que as placas continuam a mover-se, causando deformação na rocha.

Libertação de energia

1. Teoria do Ressalto Elástico: À medida que a tensão se acumula, as rochas deformam-se elasticamente até atingirem o seu ponto de rutura. Quando a resistência da rocha é excedida, esta fratura subitamente ao longo da falha, libertando a energia elástica armazenada.
2. Ondas sísmicas: A libertação súbita de energia gera ondas sísmicas que se propagam pela Terra. Estas ondas incluem:

- o Ondas primárias (P): Ondas compressionais que viajam mais rapidamente através de sólidos e líquidos.
- o Ondas secundárias (S): Ondas de cisalhamento que viajam mais lentamente do que as ondas P e apenas através de sólidos.
- o Ondas de superfície: Viajam ao longo da superfície da Terra, causando o abalo sentido durante um terramoto.

Factores que influenciam as caraterísticas dos sismos

1. Profundidade: Os sismos podem ocorrer a pouca profundidade (perto da superfície), a profundidades intermédias ou no interior da Terra, influenciando a sua intensidade e efeitos à superfície.
2. Magnitude: Quantifica a energia libertada na fonte. Magnitudes maiores indicam maior libertação de energia e potencial para danos mais significativos.
3. Tremores secundários: Terramotos mais pequenos que se seguem ao choque principal à medida que a crosta se ajusta ao campo de tensão recém-formado.

Impactos humanos e preparação

1. Danos estruturais: Os sismos podem provocar o colapso de edifícios, pontes e infra-estruturas, colocando riscos significativos para a segurança humana e os meios de subsistência.
2. Estratégias de Mitigação: Os códigos de construção, os sistemas de alerta precoce e a educação pública desempenham um papel fundamental na redução dos riscos sísmicos e no aumento da resistência da comunidade.

O papel das ONGs na gestão de desastres

As ONGs (Organizações Não-Governamentais) na Índia têm desempenhado um papel crucial na gestão de desastres, evoluindo da prestação de socorro pós-desastre para um envolvimento ativo nos esforços de preparação, mitigação e recuperação a longo prazo. Aqui está uma visão geral das suas contribuições e da mudança de papéis no âmbito da gestão de catástrofes:

Contexto histórico e evolução

1. Fundação e crescimento: As ONGs na Índia operam ao abrigo de vários quadros legais, como a Lei de Registo de Sociedades, a Lei das Sociedades (Secção 25) e as Leis de Caridade Pública específicas do Estado. Historicamente, têm estado envolvidas em diversos sectores, incluindo a saúde, a educação, o ambiente e o desenvolvimento rural.
2. Papel nos desastres: As ONG têm uma tradição profundamente enraizada de voluntariado e serviço social, que remonta à Índia pré-independência e ganhou proeminência durante a luta pela liberdade, particularmente através do conceito gandhiano de Shramdaan (trabalho voluntário para benefício da sociedade).

Contribuições para a gestão de catástrofes

1. Resposta a grandes catástrofes: As ONG prestaram assistência humanitária fundamental em resposta a catástrofes importantes na Índia, como o terramoto de Latur (1993), o super ciclone de Orissa (1999), o terramoto de Bhuj (2001), o tsunami do Oceano Índico (2004), o terramoto de Caxemira (2005) e várias inundações e ciclones.
2. Mudança para a Preparação e Mitigação: Nos últimos anos, as ONG passaram de uma resposta reactiva para um papel proactivo na gestão de catástrofes:
    o Reforço de capacidades: Realização de programas de formação, workshops e exercícios simulados para melhorar as capacidades de preparação e resposta das comunidades locais.

o Sensibilização do público: Realização de campanhas para educar as comunidades sobre os riscos de catástrofes, medidas de segurança e procedimentos de evacuação.

o Colaboração com as partes interessadas: Envolver-se em parcerias público-privadas (PPP) e iniciativas de responsabilidade social das empresas (RSE) para reforçar a resistência às catástrofes a diferentes níveis - estado, distrito e subdistrito.

3. Desafios e coordenação: Apesar das suas contribuições, as ONGs enfrentaram desafios tais como questões de coordenação com as agências governamentais e entre elas próprias. A natureza descentralizada das suas operações e as diferentes capacidades têm por vezes impedido uma colaboração efectiva na resposta e gestão de desastres.

Apoio e diretrizes institucionais

1. Diretrizes Nacionais de Gestão de Desastres: A Autoridade Nacional de Gestão de Desastres (NDMA) formulou diretrizes que descrevem os papéis e responsabilidades das ONGs na gestão de desastres. Essas diretrizes enfatizam a importância da coordenação, da capacitação e do envolvimento sustentado na redução do risco de desastres.

2. Integração de políticas: A Lei de Gestão de Catástrofes de 2005 estabelece um quadro legislativo para a gestão de catástrofes na Índia, incentivando a participação de várias partes interessadas, incluindo ONG, organismos governamentais e o sector privado.

Direcções futuras

1. Intervenções sustentáveis: As ONG estão a centrar-se cada vez mais no desenvolvimento sustentável e nas medidas de reforço da resiliência que abordam os impactos a longo prazo das catástrofes, incluindo a restauração dos meios de subsistência, a conservação ambiental e o desenvolvimento de infra-estruturas.

2. Advocacia e influência política: As ONG continuam a defender políticas que promovam a resiliência da comunidade, a resposta equitativa a catástrofes e estratégias de desenvolvimento inclusivas.

Referências

1. Trivedi, R.C. (CPCB), "Key Note Address-Water Quality Standards", Int. Conf. sobre Gestão da Qualidade da Água, fevereiro de 2003, Nova Deli.

2. Kant, R., "Remedial Strategy-Drinking Water Pollution", Chemical Eng. World, janeiro de 2005.

3. "Enviro News", Sociedade Internacional de Botânicos Env. Botanists (ISEB) NBRI, 3/1998, 1/2000, 4/2001, 7/1998, Lucknow.

4. Lucky, T.D. e Venugopal, B., "Metal Toxicity in Mammals", Plenum Press, Nova Iorque 5. Kudesia, V.P., "Water Pollution- Toxicity of Metals" Pragati Prakashan, Meerut (Índia). |6. Dutta, Venkatesh (TERI), "Bio remedy for Oil Pollution", Science Reporter, abril de 2002.

7. Trivedi, R.C., "Water Quality Management in India" (Gestão da qualidade da água na Índia), Int. Conf. sobre Gestão da Qualidade da Água, Fev. 2008, Nagpur.

8. Acordo de Paris sobre as alterações climáticas. (2016). Disponível em linha em: https://unfccc. int/process-and-meetings/the-paris-agreement/the-paris-agreement.

9. Zuhara S, Isaifan R. O impacto dos poluentes atmosféricos critérios no solo e na água: uma revisão. (2018) 278-84. doi: 10.30799/jespr.133.18040205.

10. Nakano T, Otsuki T. (2013). Poluentes atmosféricos ambientais e o risco de cancro. Gan To Kagaku Ryoho. 40:1441-5.

11. Fares S, Vargas R, Detto M, Goldstein AH, Karlik J, Paoletti E, et al. O ozono troposférico reduz a assimilação de carbono nas árvores: estimativas a partir da análise de medições de fluxo contínuo. Glob Change Biol. (2013) 19:2427-43. doi: 10.1111/gcb.12222.

12. Conferência de Copenhaga sobre Alterações Climáticas
(UNFCCC). Disponível em linha em: https://unfccc.int/process-and-meetings/conferences/past-conferences/ copenhagen-climate-change-conference-december-2009/copenhagenclimate-change-conference-december-2009 (acedido em 6 de outubro de 2019).

yes
I want morebooks!

Buy your books fast and straightforward online - at one of world's fastest growing online book stores! Environmentally sound due to Print-on-Demand technologies.

Buy your books online at
www.morebooks.shop

Compre os seus livros mais rápido e diretamente na internet, em uma das livrarias on-line com o maior crescimento no mundo! Produção que protege o meio ambiente através das tecnologias de impressão sob demanda.

Compre os seus livros on-line em
www.morebooks.shop

Printed by Books on Demand GmbH, Norderstedt / Germany